Fußgängerbrücken

Stege und Rampen
Entwurf
Konstruktion

Andreas Keil

Edition Detail

Autoren

Andreas Keil, Dipl.-Ing.

Koautoren:
Arndt Goldack, Dr.-Ing. (Dynamik)
Sebastian Linden, Dipl.-Ing. (Ausbau)
Christiane Sander, Dipl.-Des. (Licht)

Mitarbeiter:
Jantje Bley, Dipl.-Ing. (Projektleitung),
Sandra Hagenmayer, Dipl.-Ing.; Frauke Fluhr

Verlag

Redaktion und Lektorat:
Steffi Lenzen, Dipl.-Ing. Architektin (Projektleitung);
Cosima Frohnmaier, Dipl.-Ing. Architektin; Sandra Leitte, Dipl.-Ing.

Redaktionelle Mitarbeit:
Carola Jacob-Ritz, M.A.

Zeichnungen:
Ralph Donhauser, Dipl.-Ing.; Daniel Hajduk, Dipl.-Ing.; Martin Hemmel, Dipl.-Ing.;
Nicola Kollmann, Dipl.-Ing. Architektin; Emese M. Köszegi, Dipl.-Ing.

Herstellung / DTP:
Simone Soesters

Reproduktion:
ludwig:media, Zell am See

Druck und Bindung:
Kösel GmbH & Co. KG, Altusried-Krugzell

Ein Fachbuch aus der Redaktion **DETAIL**
Institut für internationale Architektur-Dokumentation
GmbH & Co. KG, München
Hackerbrücke 6, 80335 München
www.detail.de

Bibliografische Information der Deutschen Nationalbibliothek
Die Deutsche Nationalbibliothek verzeichnet diese Publikation in der Deutschen Nationalbibliografie;
detaillierte bibliografische Daten sind im Internet über http://dnb.d-nb.de abrufbar.

© 2012, erste Auflage

ISBN: 978-3-920034-63-8

DETAIL Praxis
Fußgängerbrücken

Inhalt

Einführung

In den letzten Jahrzehnten etablierten sich Fußgängerbrücken mit aufsehenerregenden Konstruktionen als eigenes Genre im Brückenbau. Errichtet an den unterschiedlichsten Orten, in Städten, Parks und in der Landschaft, über Straßen, Gleise, Flüsse oder Schluchten hinweg, überraschen sie mit besonderen Konstruktionen, interessanten Wegeverläufen, hoher Aufenthaltsqualität und oft auch durch ihre skulpturale Erscheinung. Lange führten Fußgängerbrücken ein Schattendasein, und erst nach und nach reifte die Erkenntnis, dass sie mehr sein können als reine Zweckbauten. Natürlich müssen Fußgängerbrücken in erster Linie funktional sein. Aber darüber hinaus sollten sie auch auf die Besonderheit eines Orts eingehen, auf seine Wegeführung, seine Topografie und seinen Kontext. Durch ihre Präsenz im öffentlichen Raum bieten sie die Möglichkeit, nicht nur voneinander getrennte Bereiche zu verbinden, sondern einem Ort auch eine eigene Identität zu geben. Als im 19. Jahrhundert im Zuge der Industrialisierung die Walzträger den Brückenbau revolutionierten und kostengünstige Serienkonstruktionen aufkamen, traten diese Aspekte immer mehr in den Hintergrund. Erst im Laufe der Zeit und mit zunehmendem technischen Fortschritt ist es gelungen, dieser Entwicklung entgegenzuwirken.

An Fußgängerbrücken werden weniger restriktive funktionale und statische Anforderungen gestellt als an Straßen- oder Eisenbahnbrücken. Deshalb bieten sie auch den nötigen Gestaltungsspielraum, um mit individuellen Lösungen auf Ort und Nutzung zu reagieren. So laden auf manchen Brücken Sitzgelegenheiten, Nischen, Plattformen oder eine schöne Aussicht zum Verweilen ein und schaffen eine besondere Aufenthaltsqualität.

Die antiken Baumeister legten mit der Entwicklung des tragfähigen Rundbogens den Grundstein für den Brückenbau. Durch kühne technische Meisterleistungen gelang es ihnen, imposante Brückenkonstruktionen mit großen Spannweiten zu errichten, gefördert von ehrgeizigen Bauherren, deren Name mit der Brücke untrennbar verbunden blieb. So gesehen war es damals nicht anders als heute: Für ein erfolgreiches Ergebnis muss hinter einem ambitionierten Planer auch immer ein überzeugter Bauherr stehen. Nur dann lässt sich das gemeinsame Ziel erreichen, Nützliches und zugleich Schönes zu schaffen. Gerade hochkomplexe Projekte – sei es in konstruktiver oder auch organisatorischer Hinsicht – bei denen die Gefahr unerwartet auftretender Probleme zunimmt, erfordern vor allem in schwierigen Projektphasen ein hohes Maß an Geschlossenheit und den Willen aller Beteiligter, diese Phasen gut zu überstehen. Gelungene Bauwerke sind selten das Ergebnis der Arbeit Einzelner, es braucht engagierte und motivierte Bauherrn, Planer und Firmen.

Die interdisziplinäre Zusammenarbeit von Architekt und Ingenieur ist auch im Brückenbau wichtig – natürlich in anderer Ausprägung als im Hochbau. Die Ingenieure sind dabei gefordert, sich neben den rein wirtschaftlichen und baubetrieblichen Aspekten bei der Entwicklung einer Tragkonstruktion auch intensiv mit dem Entwurf auseinanderzusetzen. Sie müssen in Varianten denken und aus der ganzen Vielfalt der Möglichkeiten heraus, im Durchdringen und Verstehen des Kontexts Entscheidungen begründen. Diese Aspekte kamen und kommen in der Ingenieurausbildung noch immer zu kurz, was auch einigen Brücken mit kleineren und mittleren Spannweiten anzusehen ist. Die Architekten sind gefordert, sich mit der städtebaulichen Situation, der For-

mensprache der Brücke und der Gestaltung der Details auseinanderzusetzen. Für das Entwerfen einer guten Fußgängerbrücke ist eine hohe Entwurfssensibilität notwendig, vor allem wenn die Brücke im innerstädtischen Bereich oder in einer besonderen Landschaften gebaut wird.
Gerade weil die Baukunst unteilbar ist, braucht es einen respekt- und vertrauensvollen Diskurs beider Disziplinen: eine Auseinandersetzung, die frei ist von Eitelkeiten und immer auf den Entwurf fokussiert bleiben sollte, um gute und schöne Lösungen gemeinsam erarbeiten zu können.
Zahlreiche herausragende Bauwerke – insbesondere bei den Fußgängerbrücken – belegen, dass dieser Diskurs an der ein oder anderen Stelle durchaus bereits stattfindet. Und so sind viele der im vorliegenden Buch gezeigten Fußgängerbrücken das Ergebnis von Wettbewerben, bei denen Architekten und Ingenieure erfolgreich zusammengearbeitet und sich sehr gut ergänzt haben.

Den oftmals gewagten Konstruktionen der Antike lagen keine Berechnungsverfahren zugrunde, sie waren durch Empirie und leidvolle Erfahrungen geprägt, die nicht selten viele Menschenleben kosteten. Erst Ende des 16. Jahrhunderts legte Galileo Galilei mit den ersten baustatischen Überlegungen den Grundstein für die wissenschaftliche Tragwerkslehre, die von Mathematikern wie Isaac Newton, Gottfried Wilhelm Leibniz, Jakob Bernoulli und Leonhard Euler weiterentwickelt wurde. Dies bedeutete auch für den Brückenbau den entscheidenden Schritt vom handwerklich, empirisch und intuitiv geprägten Bauen zum rechnerischen, ingenieurtechnischen Konstruieren.

Im heutigen digitalen Zeitalter ist es nun möglich, mithilfe von computerge-

1   Fußgängerbrücke über den Fluss Carpinteíra,
    Covilhã (P) 2009, João Luís Carrilho da Graça

stützten Rechenprogrammen in kurzer Zeit Parameterstudien durchzuführen und so den Entwurf zu optimieren, sodass jede Idee zügig bestätigt oder verworfen werden kann. Ebenso lässt sich mit entsprechenden Computerprogrammen das dynamische Verhalten einer Konstruktion exakt berechnen. Synchronisationsphänomene, wie sie bei verschiedenen Brücken in der jüngeren Vergangenheit aufgetreten sind, lassen sich simulieren, ihre Ursachen und Auswirkungen verstehen und die Wirksamkeit der ergriffenen Maßnahmen nachvollziehen. Dies ist eine wesentliche Voraussetzung, um leichte und filigrane Fußgängerbrücken überhaupt realisieren zu können.

Auf der anderen Seite führt die heute zur Verfügung stehende Rechnerleistung dazu, dass manche Planer Konstruktionen in einem sehr frühen Planungsstadium bis ins Detail ausbilden, wodurch immense Datenmengen erzeugt werden. Viel schlimmer noch ist die Tatsache, dass das Ergebnis in solchen Fällen nicht vollständig und detailliert nachvollzogen werden kann und so der Blick für das Wesentliche und Prinzipielle leicht verloren geht.

Die Entwicklung des Brückenbaus von dem einfach über einen Bach gelegten Baumstamm bis zu den heutigen spektakulären dreidimensionalen Tragkonstruktionen hat einen langen Weg hinter sich. Neue Materialien, Berechnungsverfahren oder Herstellungstechniken brachten über die Jahrhunderte immer wieder Meilensteine der Brückenkonstruktion hervor. Getrieben wurden diese Entwicklungen von dem Wunsch nach immer mehr Mobilität, oft aus wirtschaftlichen, meist friedlichen, manchmal aber auch aus imperialen, militärischen Gründen. Jede Brückenform hat ihre Geschichte, sei es der Balken, der Bogen oder die Hängekonstruktion. Prägende Materialien

waren zunächst Holz und Stein, seit dem 19. Jahrhundert dominieren Stahl und Beton den Brückenbau.

So sehr Beton das Bauen positiv beeinflusst hat – vor allem Ingenieure wie Robert Maillard, Ulrich Finsterwalder oder Eduardo Torroja haben gezeigt, welches Potenzial in diesem Werkstoff steckt –, so hat er auch dazu beigetragen, dass insbesondere beim Bau von Straßenbrücken eine Unterordnung unter das Primat der Wirtschaftlichkeit zu verzeichnen ist und dabei in Kauf genommen wird, mehr Material zu ver(sch)wenden als eigentlich nötig. So ist es nur vermeintlich günstiger, eine einfache Form zu wählen, die jedoch mehr Materialeinsatz erfordert und demzufolge zu mehr Eigenlasten führt. Dem gegenüber stehen Konstruktionen, die den Kraftfluss nachzeichnen und damit angemessener und wohlproportioniert wirken, die zwar weniger Material benötigen, aber in der Herstellung aufwendiger sind.

Neben Beton beeinflusste vor allem Stahl den Brückenbau, ob als Konstruktions-, Seil- oder Bewehrungsstahl. Bevor der Siegeszug des Stahls in der zweiten Hälfte des 19. Jahrhunderts begann, bestanden die meisten Konstruktionen aus Holz. Heute ist Stahl im Fußgängerbrückenbau das vorherrschende Material: Kühne, atemberaubend leichte Konstruktionen zeugen von der Leistungsfähigkeit dieses Werkstoffs. Die anhaltende Weiterentwicklung, sowohl der Materialeigenschaften als auch der Herstell-, Füge- und Montagetechniken, führt zu dreidimensionalen Tragstrukturen, die mit hoher geometrischer Präzision ausgeführt werden können. Auch der Gussstahl hat längst den Makel der Sprödigkeit abgeworfen und kommt heute oft bei komplexen Knoten im Fußgängerbrückenbau zum Einsatz, da er mittlerweile genauso zäh und schweißbar ist wie normaler Baustahl.

Die Entwicklung neuer Materialien dauert im Bauwesen erfahrungsgemäß lang, weil nicht nur in Bezug auf Festigkeit, sondern auch hinsichtlich Querschnittsgestaltung, Fügetechnik, Montierbarkeit und Dauerhaftigkeit hohe Anforderungen gestellt und Sicherheitsprüfungen durchgeführt werden. An Universitäten wird bereits intensiv an neuen Werkstoffen geforscht, insbesondere im Bereich der Kunststoffe. Hier verspricht man sich im Hinblick auf Dauerhaftigkeit und Festigkeit große Vorteile. Vereinzelt werden bereits Prototypen realisiert, um Erfahrungen unter Dauerbeanspruchung zu sammeln. Allerdings ist momentan noch nicht erkennbar, dass Stahl im Brückenbau in naher Zukunft durch neue Materialien abgelöst wird, sei es für hochfeste Zugglieder oder für den Überbau.

Das vorliegende Buch gibt Architekten, Ingenieuren und Technikern, aber auch Herstellern und interessierten Bauherren einen Überblick über aktuelle Tendenzen im Fußgängerbrückenbau. Es gliedert sich in sieben Kapitel, die durch Abbildungen, Tabellen und Zeichnungen ergänzt werden. Die Themen der Kapitel reichen von der Grundlagenermittlung und der Vorstellung einzelner Materialien über die Einführung in verschiedene Brückenkonstruktionen und die Betrachtung wirtschaftlicher Aspekte der Herstellung und des Unterhalts bis hin zu einem Überblick über besondere Brückenbauten. Abgerundet wird der Band durch die Dokumentation ausgewählter Fußgängerbrücken, die einen Einblick in die Konstruktionsvielfalt geben sollen.

Das Buch bietet konkrete Hilfestellungen bei Entwurfsfragen – und vielleicht kann es auch motivieren, Neues zu versuchen in diesem spannenden Bereich des Brückenbaus.

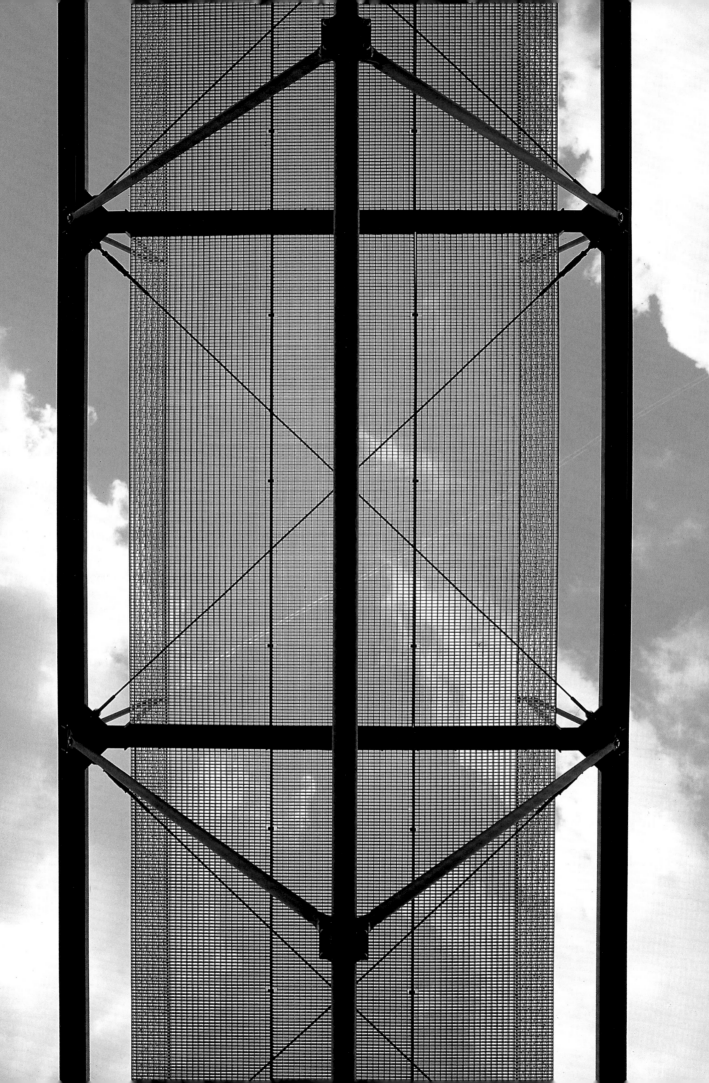

Funktionale Anforderungen

Jede Fußgängerbrücke hat in erster Linie die Aufgabe, Menschen sicher über Hindernisse hinwegzuführen. Im Gegensatz zu Straßen- und Bahnbrücken müssen Fußgängerbrücken nicht nur zwei Orte auf kürzestem Weg miteinander verbinden, sondern sie werden auch unmittelbar durch Berühren und Begehen erlebt. Eine geeignete Wegeführung und reizvolle Ausblicke erhöhen die Aufenthaltsqualität einer Fußgängerbrücke. Deshalb ist es umso wichtiger, dass die funktionalen Anforderungen exakt analysiert und definiert werden, um sie dann dem Entwurf individuell zugrunde zu legen. Neben den geometrischen Eigenschaften der Brücke selbst, wie Breite und Steigung, sind die Anforderungen, die sich aus den zu überquerenden Hindernissen ergeben, beispielsweise Lichtraumprofile, zu definieren. Ebenso müssen sicherheitsrelevante Aspekte wie Rutschsicherheit und Absturzsicherung einbezogen werden.

Brückenbreite

Die Breite einer Brücke wird durch ihre Nutzung bestimmt. In Deutschland gelten die von der Forschungsgesellschaft für Straßen- und Verkehrswesen (FGSV) in den »Empfehlungen für Fußgängerverkehrsanlagen« (EFA) herausgegebenen Zahlen und Richtwerte als Leitlinie. Die EFA definieren Grundanforderungen an fußgängerrelevante Infrastruktureinrichtungen, behandelt verschiedene Charakteristika des Fußgängerverkehrs und erläutert Planungsgrundsätze. Die Breite eines Wegs ist laut EFA direkt von der erwarteten Nutzung als reiner Radweg, Fußweg oder gemischt genutzter Weg abhängig: Für Fußwege wird eine Breite von 1,80 m empfohlen, reine Radwege sollen 2 m und gemeinsame Fuß- und Radwege 2,50 m breit sein. Des Weiteren können Zuschläge für Verweilflächen vor Schaufenstern, an Haltestellen oder

Ruhebänken erforderlich sein. Hierauf muss jedoch beim Fußgängerbrückenbau weniger geachtet werden.

Weitere sehr allgemeine Angaben zu den Mindestbreiten von barrierefreien Wegen im öffentlichen Raum macht DIN 18024-1 »Barrierefreies Bauen«: Hier sind Gesamtbreiten von 2 bis 3 m vorgesehen, die sich aus den Bewegungsflächen für die Nutzung durch Rollstuhlfahrer von 1,20 bis 1,50 m Breite zuzüglich der notwendigen Begegnungs- und Ausweichflächen ergeben.

International schwanken diese Angaben jedoch erheblich, so sind in Großbritannien Breiten von 1,80 bis 2 m für Fußgänger- und Fahrradwege vertretbar, während in Australien Breiten bis zu 3 m vorgeschrieben sind (Abb. 1).

Die Breite einer Brücke wird allerdings nicht nur durch ihre Nutzung definiert, sie sollte ebenso aus gestalterischen und städtebaulichen Gesichtspunkten angemessen dimensioniert sein. Nicht zuletzt

hat die Brückenbreite auch einen direkten Einfluss auf die Herstellungskosten.

Die übliche Fortbewegungsgeschwindigkeit eines Fußgängers liegt etwa zwischen 0,50 m/s (30 m/min) und 1,80 m/s (108 m/min), je nachdem, ob es sich um Berufs-, Einkaufs- oder Veranstaltungsverkehr handelt. Abhängig von der Art des Fußgängerverkehrs und der Geschwindigkeit gibt es gemessene Anhaltswerte für die Dichte, die definiert, wie viele Personen sich auf 1 m² Brücke befinden. Grundsätzlich gilt für jede Art von Fußgängerverkehr: Je dichter der Verkehr, desto weniger schnell bewegt er sich vorwärts. Die Kapazität einer Fußgängerbrücke berechnet sich folgendermaßen:

$$Q = v \cdot d \; [P/m \cdot s] \quad (1)$$

Q Durchfluss $[P/m \cdot s]$
v Verkehrsgeschwindigkeit $[m/s]$
d Verkehrsdichte $[P/m^2]$

Norm	Land	min. Gehwegbreite [m]	Lichtraum [m]	max. Steigung [%]
Austroads 13, 14, 92	Australien	1,5–1,8 (Fußgänger) 1,5–3,0 (Radfahrer) 2,5–3,0 (gemischt)	2,1–2,4 (Fußgänger) 2,5–3,0 (Radfahrer)	12,5 (Fußgänger) 5,0 (Radfahrer) 3,0 (gemischt)
Structures Design Manual	Hongkong	2,0 (Fußgänger) 3,0 (an Metro-Stationen)	–	5,0–8,3 (Fußgänger) 4,0–8,0 (Radfahrer)
Japanese Footbridge Design Code (1979)	Japan	3,0 (Fußgänger)	–	5,0
Design Specifications of Road Structures	Südkorea	1,5–3,0 (Fußgänger) 3,0 (Radfahrer)	2,5	–
British Standard 5400	Großbritannien	1,8 (Fußgänger) 2,0 (gemischt) 2,7 (Fußgänger und Radfahrer mit getrennten Spuren)	–	5,0–8,3 (Fußgänger)
DIN 18024-1	Deutschland	2,0 (Fußgänger) 3,0 (gemischt)	2,5	6,0

1

2

3

4

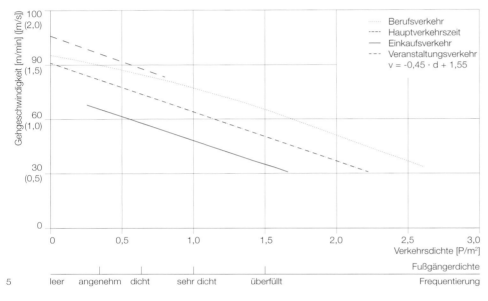

5

leer   angenehm   dicht   sehr dicht   überfüllt   Frequentierung

Abb. 5 zeigt Abhängigkeiten von verschiedenen Fußgängerströmen, die über eine lineare Beziehung zwischen Verkehrsdichte und Gehgeschwindigkeit definiert werden können. Beispielsweise bei Veranstaltungsverkehr ergibt sich diese Funktion:

$$v = -0,45 \cdot d + 1,55 \ [\text{m/s}] \quad (II)$$

Möchte man eine Fußgängerbrücke auf die maximale Durchflusskapazität Q für eine bestimmte Art von Fußgängerverkehr auslegen, dann muss diejenige Dichte und Geschwindigkeit ermittelt werden, bei der dieser Wert maximal ist.
Setzt man (II) in (I) ein, so ergibt sich für den Veranstaltungsverkehr eine quadratische Funktion (Abb. 6):

$$Q = -0,45 \cdot d^2 + 1,55 \cdot d \ [\text{P/m} \cdot \text{s}]$$

Diese Funktion hat ihr Maximum bei einer Geschwindigkeit und einer zugehörigen Dichte von $v = 0,78$ m/s und $d = 1,72$ P/m². Die zugehörige Kapazität würde somit 4829 P/h je m Brückenbreite betragen. Umgekehrt lässt sich also über eine geforderte Kapazität die notwendige Brückenbreite errechnen. Ist beispielsweise gefordert, dass bei einer Großveranstaltung 15 000 Personen in 10 min abfließen können, müsste die Brückenbreite 18,63 m betragen.
Es sei darauf hingewiesen, dass es sich dabei um Maximalbetrachtungen handelt, die insbesondere bei großem Fußgängeraufkommen angewendet werden sollten, um die Gefahr von Panik bei zu dichtem Menschengedränge zu vermeiden.

Viele Fußgängerbrücken gelangen sehr selten oder überhaupt nicht an ihre Kapazitätsgrenze. Vielfach bestimmt die Funktion die Breite, sodass sich Fußgänger oder Fußgänger und Radfahrer bequem und ohne gegenseitige Behinderung auf

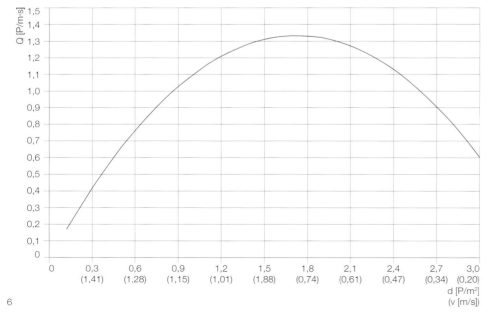

6

7

Nutzung:
- täglich (max. Verkehr)
- wöchentlich (max. Verkehr)
- monatlich (max. Verkehr)
- jährlich (max. Verkehr)
- Ausnahmen

Komfortklassen:
- CC1 Maximum
- CC2 Medium
- CC3 Minimum
- CC4 inakzeptabel

Verkehrsklassen:
- TC1 sehr schwach (< 0,2 P/m²)
- TC2 schwach (0,2 P/m²)
- TC3 dicht (0,5 P/m²)
- TC4 sehr dicht (1,0 P/m²)
- TC5 außergewöhnlich dicht (1,5 P/m²)

Sicherheitsfaktoren

Schwingungsverhalten

Fußgängerdichte

1 Übersicht der gängigen weltweit genormten Vorgaben für Fußgängerbrücken
2 Fußgängerbrücke mit schwachem Verkehr: Komfortables freies Gehen und Überholen ist möglich.
3 Fußgängerbrücke mit dichtem Verkehr: Freies Gehen ist möglich; das Überholen kann zeitweise eingeschränkt sein.
4 Fußgängerbrücke mit sehr dichtem Verkehr: Freies Gehen ist eingeschränkt; Überholen ist nicht mehr möglich.
5 Beziehung zwischen Gehgeschwindigkeit und Verkehrsdichte in Abhängigkeit von der Art des Verkehrs
6 Kapazität Q in Personen pro Sekunde je Meter Brückenbreite
7 Randbedingungen für den Entwurf von Fußgängerbrücken
8 typische Lichtraumprofile:
a Fluss; b Schiene; c Gehweg; d Straße

der Brücke bewegen können. Dies führt in den meisten Fällen zu nutzbaren Breiten von 2,50 bis 3,50 m.

Während die statischen Lasten unabhängig von der Nutzung der Brücke sind, wird empfohlen, bei den dynamischen Betrachtungen zwischen verschiedenen Bemessungssituationen zu differenzieren. Man unterscheidet zwischen Verkehrsklassen, die im Wesentlichen die Fußgängerdichte definieren, und Komfortklassen, die festlegen, wie stark eine Fußgängerbrücke in Schwingung versetzt werden darf und welche Beschleunigungen erlaubt sind. Bei den Verkehrsklassen gibt es fünf Kategorien, die von sehr schwachem Verkehr mit einer Dichte von unter 0,2 P/m² bis zu außergewöhnlich dichtem Verkehr mit 1,5 P/m² reichen. Bei den Komfortklassen sind es vier Kategorien, die die Anforderungen an das dynamische Verhalten von Brücken definieren. Die Klasse CC1 lässt dabei sehr große Bewegungen zu, etwa bei einer Hängebrücke für Wanderer, die Klasse CC4 hingegen nur sehr geringe, z. B. bei innerstädtischen Brücken (Abb. 7).

Diese Klassifizierungen sind aufgrund der geplanten Nutzung individuell festzulegen und dann den dynamischen Betrachtungen zugrunde zu legen. Diese Vorgehensweise ist nicht normativ geregelt, sie wurde auf Grundlage der Ergebnisse des Forschungsprojekts RFS-CR-03019 »Advanced Load Models for Synchronous Pedestrian Excitation and Optimised Design Guidelines for Steel Footbridges (SYNPEX)« entwickelt [1].

Lichtraumprofile

Fußgängerbrücken überqueren die unterschiedlichsten Hindernisse von Tälern und Flüssen über Straßen, Wege bis hin zu Eisenbahnlinien. Für die jeweils vorhandenen Verkehrswege wird ein Lichtraumprofil definiert. Das Lichtraumprofil beschreibt eine Umgrenzungslinie des lichten Raums, der von Gegenständen aller Art, also auch von baulichen Anlagen, freigehalten werden muss. Abb. 8 zeigt typische Lichtraumprofile für Wasserstraßen, Eisenbahntrassen und Straßen bzw. Wege. Die Vorgabe des Lichtraums der zu querenden Verkehrs- und Wasserstraßen bestimmt in vielen Fällen die Höhenlage der Brücke. Das Lichtraumprofil von Wasserstraßen ist auch abhängig vom höchsten Pegelstand des zu überquerenden Flusses. Je nach Nutzung der Verkehrstrasse als Straße, Eisenbahnstrecke oder für die Schifffahrt, müssen angrenzende Bauteile für Anpralllasten ausgelegt werden. Diese Lasten sind im Vergleich zu den sonstigen Einwirkungen auf eine Fußgängerbrücke sehr hoch und können damit für den Entwurf dimensionsbestimmend werden. Um dies zu vermeiden, empfiehlt es sich, möglichst darauf zu verzichten, Bauteile in diesen kritischen Bereichen vorzusehen.

Oft müssen Lichtraumprofile während der Bauzeit freigehalten werden und sind nur für sehr kurze Sperrpausen freigegeben, was entscheidende Auswirkungen auf den Herstellungs- und Montageprozess einer Brücke haben kann.

Wasserstraßen

Auf Flüssen gelten abhängig von Maß und Art der Nutzung durch die Schifffahrt sehr unterschiedliche Anforderungen an das Lichtraumprofil, die von den zuständigen Wasser- und Schifffahrtsämtern (WSA) vorgegeben werden. An manchen Flüssen gibt es kein bestimmtes Lichtraumprofil, an anderen erstreckt es sich über die gesamte Flussbreite.

Teilweise ist es notwendig, Uferbereiche freizuhalten, um zu verhindern, dass havarierte Schiffe die Standsicherheit einer Fußgängerbrücke gefährden. Auf einigen Schifffahrtswegen gibt es auch sogenannte Gefahrenzonen: Wenn in diesen Bereichen Tragwerksteile der Brücke zum Liegen kommen, müssen sie und die Brücke selbst in der Lage sein, einen Anprall aufnehmen zu können, der entweder durch eine statische Einzellast oder durch Kompensation (Dissipation) einer vorgegebenen Anprallenergie simuliert wird. So soll verhindert werden, dass Brücken zum Einsturz kommen, wenn

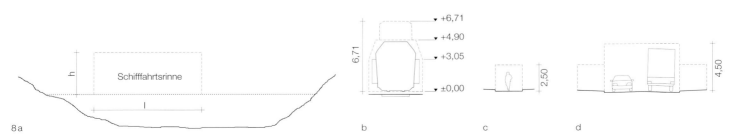

8 a

b

c

d

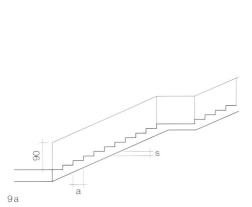
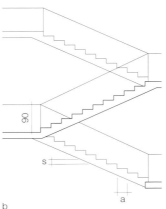
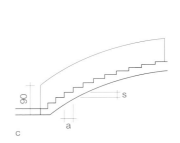
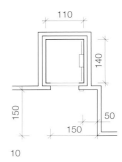

9a b c 10

z. B. Schiffsaufbauten bei der Durchfahrt von der Brücke abgerissen werden. Oft ist es aber ratsam, diesen großen Anprall-lasten aus dem Weg zu gehen, indem man diese Gefahrenzone meidet, auch wenn die dadurch höhere Lage des Überbaus zu längeren Rampen führt.

Eisenbahntrassen

Bei Fußgängerbrücken im Bahnbereich besteht die Gefahr, dass Menschen mit den Strom führenden Teilen in Berührung kommen und davon verletzt werden kön-nen. Um dies zu vermeiden, sind Maß-nahmen zum Schutz z. B. durch Abstand oder Hindernisse anzuwenden. Der Schutz durch Abstand zu aktiven, der Berührung zugänglichen Teilen gilt als erreicht, wenn von der Standfläche aus ein Radius von mindestens 3,50 m ein-gehalten wird. Genauere Angaben dazu macht DIN EN 50 122-1 »Bahnanwen-dungen – Ortsfeste Anlagen – Elektrische Sicherheit, Erdung und Rückleitung«. Können diese Abstände nicht einge-halten werden, sind Hindernisse gegen direktes Berühren anzubringen. Deren Ausführung ist abhängig von der Lage der Standfläche zu und dem Abstand der Hindernisse von den aktiven Teilen. Die Abmessungen von Hindernissen müssen

so gewählt werden, dass aktive, der Berührung zugängliche Teile in gerader Richtung nicht unbeabsichtigt erreicht werden können.

Die Bundesanstalt für Straßenwesen (BASt) gibt »Richtzeichnungen für Inge-nieurbauten« (RiZ-ING) heraus, die Deut-sche Bahn regelt solche Maßnahmen in der Richtlinie 997.0101 und den Richt-zeichnungen EBS 02.05.19. Berühr-schutzmaßnahmen können in Form von horizontalen oder vertikalen Hindernissen angebracht werden, beispielsweise durch Scheiben, die wie Abstandshalter fungieren. Da diese Elemente mitunter gestalterisch prägend sind, sollte bei Fuß-gängerbrücken darauf geachtet werden, dass diese Maßnahmen in Abstimmung mit den zuständigen Fachabteilungen angemessen umgesetzt werden. Die Pla-ner sollten die vorhandenen Spielräume bei der Wahl der Konstruktion und des Materials dafür nutzen.

Bei Straßenbahnen gelten die Regel-werke und Anforderungen der jeweiligen städtischen Betreiber. Auch hier gibt es hinsichtlich des Materials kaum Restrik-tionen, neben Beton und Stahl kann auch Glas eingesetzt werden.

Neben den Berührungsschutzelementen selbst müssen Brücken, die elektrifizierte

Bahntrassen queren, geerdet sein. Dazu ist es erforderlich, an der unteren Überbaukante im Gleisbereich Erdungs-profile vorzusehen und diese über leitende Querschnitte, beispielsweise verschweißte Bewehrungsstäbe, die durch das Bauwerk geführt werden, mit den Gleisen zu verbinden.

Verkehrswege

Bei Fußgängerbrücken selbst wird ein Lichtraum mit einer Höhe von 2,50 m gefordert. Während dies bei Balkenbrü-cken problemlos möglich ist, kann es die Geometrie und Form des Tragwerks insbesondere bei gekrümmten Seil- und Bogenbrücken maßgeblich beeinflussen. Auf Straßen für den Autoverkehr gelten in der Regel Lichtraumprofile von 4,50 m, teilweise jedoch auch 4,70 m, um spätere Belagserneuerungen problemlos vorneh-men zu können.

Linienführung und Zugänge

Die oberste Zielsetzung beim Bau von Fußgängerbrücken ist es, auf kurzem Weg über Flüsse, Straßen und Täler hinweg von einem Ort zum anderen zu gelangen. Architekten und Inge-nieure müssen daher möglichst kurze Zugangswege und eine angemes-

11

12

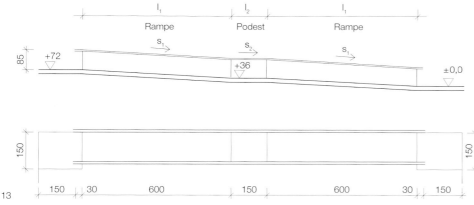

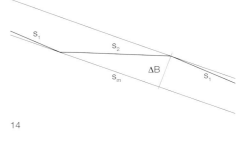

13

14

sene Linienführung entwickeln.

Für die Grundrissgeometrie der Brücken und Rampen empfiehlt es sich, flüssige Verläufe zu wählen, um unfallträchtige Ecken und Kehren, insbesondere für Radfahrer, zu vermeiden. Da der Fußgänger- und Radverkehr mit langsamer Geschwindigkeit voranschreitet, gibt es hinsichtlich der Krümmungsradien kaum Einschränkungen. Eine große Vielfalt an freien Formen ist möglich, so können z. B. enge Radien und mehrarmige Rampen, die optimal an das vorhandene Wegenetz anschließen, gewählt werden. Spannende räumliche Konstruktionen schafft auch der Ausbruch aus der Zweidimensionalität in die dritte Dimension. Der Überbau einer Fußgängerbrücke kann im Grundriss frei geformt und stark gekrümmt werden, sodass das Passieren der Brücke für die Fußgänger zum räumlichen Erlebnis wird (siehe Entwurf und Konstruktion, S. 60ff.).

Treppen

Aufgrund der in Deutschland beschränkten zulässigen Steigung einer Rampe von 6 % entstehen oft lange Zugangswege zur Brücke. Deshalb ist es manchmal sinnvoll, zusätzlich zu einer Rampe auch einen direkten und schnellen Zugang über eine Treppe zu schaffen.

Die Ausbildung solcher Treppen regelt DIN 18065 »Gebäudetreppen«. Dort werden genaue Angaben zu Geometrie der Treppen, Ausbildung der Stufen, Steigungsverhältnissen, Podesten und Geländern gemacht.

Folgende Werte sind gefordert:
- Treppensteigung s mindestens 14 cm, maximal 19 cm
- Treppenauftritt a mindestens 26 cm, maximal 37 cm
- Steigungsverhältnis zwischen 59 und 65 cm entsprechend der Schrittmaßregel 2 s + a (s = Steigungshöhe [cm]; a = Auftrittsbreite [cm])
- Mindestmaß nutzbarer Laufbreite 100 cm
- bei mehr als 18 Stufen Zwischenpodest mit einer Länge von 90 cm erforderlich
- beidseitig Handläufe in einer Höhe von 85 cm über der Lauffläche

Die Varianten der möglichen Treppenkonstruktionen reichen von einläufigen Treppen über Spindel- oder Podesttreppen bis hin zu Laurin-Treppen mit variablen Steigungen und Auftritten (Abb. 9).

Aufzüge

Sofern die Anordnung von Rampen aus Platzgründen nicht möglich ist, kann die

Barrierefreiheit über einen Aufzug erreicht werden (Abb. 11 und 12). Aufzüge im öffentlichen Raum bedürfen dabei nicht nur einer erhöhten Robustheit (auch im Zusammenhang mit Vandalismus), sondern ebenso ist die Betriebs- und Ausfallsicherheit insbesondere bei nächtlichem Betrieb miteinzubeziehen. Für die Abmessungen und die Ausbildung gelten ebenfalls die Regelungen für barrierefreies Bauen gemäß DIN 18024. Der Fahrkorb des Aufzugs ist mindestens mit einer lichten Breite von 110 cm und einer lichten Tiefe von 140 cm zu bemessen, um für Rollstuhlfahrer geeignet zu sein. So finden außer einer Person im Rollstuhl noch bis zu zwei weitere Personen Platz (Abb. 10).

Rampen

Aus dem vorgegebenen Lichtraumprofil, der Konstruktionshöhe der Brücke und den zulässigen Steigungen ergibt sich die Länge der Zugangsrampen (Abb. 13). Grundsätzlich darf die Steigung der Rampe maximal 6 % betragen, um auch Menschen mit eingeschränkter Mobilität gerecht zu werden. Dies regelt in Deutschland DIN 18024-1, in anderen Ländern gelten abweichende Werte, so ist in Australien beispielsweise eine

15

9   Mindestabmessungen von Treppen
    a einläufige Treppe
    b zweiläufige Treppe
    c Laurin-Treppe
10 Mindestabmessungen von Aufzügen
11 Treppe und Aufzug, Brücke für die Deutsche Telekom, Bonn (D) 2010, schlaich bergermann und partner
12 Treppe und Aufzug, Salinensteg, Bad Rappenau (D) 2008, schlaich bergermann und partner
13 Dimensionierung von Rampen mit zulässiger maximaler Steigung von 6 % und Zwischenpodeste nach maximal 6 m Länge
14 erforderliche vertikale Breite ΔB eines Ansichtsbands
15 Rampen und Podeste, Römersteinbruch, St. Margarethen (A) 2008, AllesWirdGut; Gmeiner-Haferl

16

17

18

19

Steigung von 12,5 % für Fußgängerrampen erlaubt (Abb. 1, S. 9). Häufig ist es schwierig, mit einer Rampe direkt an das bestehende Wegenetz anzuschließen. Um einen flüssigen Übergang zwischen dem Wegenetz und einer Brücke zu erzeugen, sollten diese aufeinander abgestimmt und gegebenenfalls angepasst werden.

Folgende Werte sind gefordert:
· Steigung der Rampe maximal 6 %
· Mindestmaß für die nutzbare Laufbreite zwischen den Randabweisern 120 cm (rollstuhlgerecht)
· bei Lauflängen größer als 600 cm Zwischenpodest mit einer Länge von 150 cm erforderlich
· 10 cm hoher Randabweiser
· beidseitig Handläufe in einer Höhe von 85 cm über der Lauffläche
· am Beginn und am Ende der Rampe Bewegungsflächen von jeweils 150 × 150 cm

Zwischenpodeste bei Rampenlängen von mehr als 600 cm dienen der Vermeidung von Erschöpfung. Diese Zwischenpodeste führen dazu, dass die Gehfläche einen in der Ansicht geknickten Verlauf erhält und sich die mittlere Steigung s_m von 6 auf 5,3 % reduziert (Abb. 13, S. 13). Dies wird gemäß folgender Formel ermittelt:

$$s_m = \frac{s_1 \cdot l_1 + s_2 \cdot l_2 + s_1 \cdot l_1}{l_1 + l_2 + l_1} \ [\%]$$

s_m mittlere Steigung [%]
l Länge [m]

Das bedeutet eine zusätzliche Verlängerung der Rampe um 13 %. Mit einem vorgesetzten Gesimsband kann man diesen geknickten Verlauf kaschieren und eine kontinuierliche Ansicht erreichen. Die erforderliche vertikale Breite ΔB des

Bands lässt sich mit folgender Formel ermitteln (Abb. 14, S. 13):

$$\Delta B = (s_m - s_2) \cdot L_2 = (-s_m + s_1) \cdot L_1 \ [m]$$

Geländer
An die Geländer von Fußgängerbrücken werden unterschiedliche Anforderungen gestellt. Zum einen dienen sie als Absturzsicherung und müssen deshalb entsprechende Horizontallasten bis zu 0,8 kN/m aufnehmen. Zum anderen sollen sie insbesondere gehbehinderten Menschen Halt und Führung geben. Die Höhe des Geländers ist für Fußgänger auf 1,00–1,10 m, für Radfahrer auf 1,20 m festgelegt. Von der Forschungsgesellschaft für Straßen- und Verkehrswesen e.V. in Köln wird für Radverkehrsanlagen sogar eine Höhe von 1,30 m empfohlen. Bei dieser Geländerhöhe ist es sinnvoll, einen separaten Handlauf in einer angemessenen Höhe von ca. 85 cm anzuordnen (Abb. 16). Die »Zusätzlichen Technischen Vertragsbedingungen und Richtlinien für Ingenieurbauten« (ZTV-ING) schreiben nicht nur die Geländerhöhen vor, sondern machen auch genaue Angaben zu den Dimensionen und Abständen der Pfosten und des Handlaufs (Abb. 20 und 21).
Diese sehr konservativen Vorgaben beziehen sich sowohl auf Straßenverkehrs- als auch auf Fußgängerbrücken. Deshalb sollten sie nur als Anhaltspunkte für sicherheitsrelevante Aspekte und nicht als Konstruktionsregeln dienen. Ansonsten wären filigrane Geländer, die erheblich zur Transparenz einer Fußgängerbrücke beitragen, nicht möglich.

Geländerfüllungen sind so auszuführen, dass weder die Gefahr des Hindurchrutschens noch des Hochkletterns – insbesondere durch Kleinkinder – besteht. Dabei kommen entweder flächige geschlossene (Abb. 17) oder aufgelöste

16 Füllstabgeländer
17 Geländer aus unterschiedlich geneigten Glasplatten
18 Geländer aus geflochtenen Stahlprofilen
19 Stahlnetzgeländer
20 Mindestabmessungen für Geländer aus Stahl nach ZTV-ING, Teil 8
21 Querschnitte und Dicken für Geländer aus Stahl nach ZTV-ING, Teil 8

Elemente zum Einsatz (Abb. 16, 18 und 19). Horizontale oder vertikale Stäbe und auch Netze aus Drähten oder Seilen verhindern bei offenen Füllungen das Hindurchrutschen. So sollte bei Geländern mit vertikalen Füllstäben der Abstand der Stäbe maximal 12 cm betragen, bei horizontalen Füllstäben muss das Überklettern durch ein nach innen geneigtes Geländer oder einen nach innen versetzten Handlauf unterbunden werden (siehe Ausbau, S. 68ff.). Bei Seilnetzgeländern gewährleistet die Wahl eines engen Maschennetzes von maximal 60 × 40 mm den Überkletterschutz.

Belag

Der Belag einer Fußgängerbrücke übernimmt mehrere Funktionen. Er sorgt für die nötige Rutschfestigkeit und ist gleichzeitig durchgehender finaler Abschluss der Gehfläche. Außerdem dichtet der Belag den Brückenquerschnitt ab, sodass Korrosion minimiert wird, und er schützt die Konstruktion vor mechanischen Beschädigungen.
In den Regelwerken zum Brückenbau finden sich keine Angaben zur Rutschfestigkeit. Hier hilft die BGR 181 von der Berufsgenossenschaft Handel und Warendistribution weiter. Sie definiert

fünf Bewertungsgruppen, die den Grad der Rutschhemmung angeben. Beläge der Bewertungsgruppe R 9 müssen den geringsten, und Bewertungsgruppe R 13 den höchsten Anforderungen an die Rutschhemmung genügen. Für Gehwege in Außenbereichen ist der Grad der Rutschhemmung mit R 10 bzw. R 11 festgelegt. Dieser Wert wird von bituminösen oder mineralischen Belägen problemlos erreicht.
Bituminöse Beläge sind zwar erprobt und bewährt, haben aber den Nachteil, dass sie sehr dick (60–100 mm) und damit schwer sind. Als Alternative kommen sogenannte Dünnschichtbeläge auf Epoxidharzbasis zum Einsatz. Sie haben eine Dicke von 5 bis 10 mm und erhalten als Oberfläche eine Einstreuung aus Quarzsand. Da sie sowohl auf Beton- als auch auf Stahloberflächen aufgebracht werden können, sind sie für den Bau von Fußgängerbrücken besonders geeignet.

Bei Holz-, Glas- oder Gitterrostbelägen kann der Belag gleichzeitig tragendes Element sein, muss aber gegebenenfalls für lokale Einzellasten wie für die Radlasten eines Betriebsfahrzeugs dimensioniert werden. Diese Beläge erfordern bei nasser Oberfläche zusätzliche rutschhemmende Maßnahmen. Bei Belägen aus Holz lässt sich die Rutschhemmung durch Nuten oder eingelegte Epoxidharzstreifen mit Besandung, bei Glas über entsprechende Bearbeitung der Oberfläche durch Ätzen oder Sandstrahlen und bei Gitterrosten durch Profilierung der Stäbe erreichen (siehe Ausbau, S. 65ff.).

Mindestabmessungen für Geländer aus Stahl

Geländerhöhe	• bei Absturzhöhe < 12 m	≥ 1000 mm
	• bei Absturzhöhe > 12 m	≥ 1100 mm
	• bei Radwegen und Geh- und Radwegen	≥ 1200 mm
Pfostenstand	• bei Füllstab- und Holmgeländern und bei Geländern mit Drahtgitterfüllung	2000–2500 mm
	• bei Kurzpfosten-Füllstabgeländern	≤ 2000 mm
	• bei Rohrgeländern	1500–2000 mm
	• bei Aufsatzgeländern	2670 mm
Handlaufbreite	• bei Straßen- und Wegbrücken	≥ 120 mm
	• bei Geh- und Radwegbrücken	≥ 80 mm
	• bei Rohrgeländern und Betriebswegen	≥ 60,3 mm
	• lichter Abstand der Füllstäbe	≤ 120 mm
lichter Abstand zwischen Fußholm und Gesims		120 mm
	• bei Kurzpfosten-Füllstabgeländern	80 mm
	• bei Geländern mit Drahtgitterfüllung	50 mm
Abstand zwischen Achse des Pfostens und der Fuge oder des Flügelendes		≥ 250 mm
Überstand des Handlaufs (Unterteil) über Endpfosten		50 mm

Bauteil	Profile [mm]		
	Kaltprofile		Rohre
Handlauf ungeteilt	120/28/27, 5/23/65/23/27, 5/28 × 4 oder gleichwertig bzw. 80/30/17, 5/12/45/12/17, 5/30 × 4 bei Geh- und Radwegbrücken		60,3 × 2,9
Handlauf geteilt			
• Oberteil	18/25/120/25/18 × 4		
• Unterteil	15/50/80/50/15 × 4		
Holm	60 × 40 × 4		60,3 × 2,9
Pfosten	70 × 70 × 5		60,3 × 2,9
Kurzpfosten	60 × 60		
Füllstab	15 × 30		

Anmerkung:
[1] RWTH Aachen u. a.: Advanced Load Models for Synchronous Pedestrian Excitation and Optimised Design Guidelines for Steel Foot Bridges (SYNPEX). 2008

Fußgängerbrücken müssen statisch und dynamisch ausgelegt sein. Zur Überprüfung der Standsicherheit werden die verschiedenen Einwirkungen simuliert und über eine statische Berechnung die Dimensionen und das Verhalten der Brücke bestimmt.

Statik

Die statischen Lasten auf Fußgängerbrücken werden in den gültigen Regelwerken der einzelnen Länder festgelegt. In Deutschland ist das der DIN-Fachbericht 101 »Einwirkungen auf Brücken«, der neben den Belastungen aus Eigengewicht die Verkehrs-, Wind-, Temperatur-, Anprall- und auch Schneelasten regelt. Im Zuge der Europäisierung soll der Fachbericht durch die Eurocodes ersetzt werden, die die wesentlichen Ansätze des Fachberichts übernehmen, grundlegende Änderungen sind nicht zu erwarten.

Vertikale Lasten

Eigengewicht und Verkehrslasten sind die maßgeblichen vertikalen Lasten, jene aus Wind oder Schnee sind dagegen von untergeordneter Bedeutung.

Verkehrslasten
Die vertikalen Verkehrslasten auf Fußgängerbrücken sind bei Stützweiten bis zu 10 m mit 5 kN/m² anzusetzen. Bei größeren Stützweiten werden die Belastungen gemäß folgender Formel abgemindert:

$$2,5 \leq q_{fk} = 2,0 + \frac{120}{l_{sj} + 30} \leq 5,0 \ [kN/m^2]$$

l_{sj} Einzelstützweite [m]
q_{fk} Flächenbelastung [kN/m²]

Dadurch reduzieren sich die Verkehrsflächenlasten bei Stützweiten von 25 m auf 4,18 kN/m², bei 50 m auf 3,50 kN/m² und bei 100 m auf 2,92 kN/m².

Abb. 1 verdeutlicht, dass die maximale Last je m² nur bei einem sehr großen Menschengedränge erreicht wird. Selbst dichter Fußgängerverkehr entspricht nur 1,5 Personen/m² und damit einer Verkehrslast von 1,20 kN/m², nicht einmal ein Viertel der angesetzten maximalen Belastung. Daher wäre es eigentlich sinnvoll, im Vorfeld die Wahrscheinlichkeit solch außergewöhnlicher Fälle abzuschätzen und daraus gegebenenfalls eine differenziertere und realistischere Betrachtung der Maximallast abzuleiten, die sich dann auch in geringeren Dimensionen und Kosten niederschlagen würde. Die gängigen Normen (Abb. 2, S. 18) erlauben diesbezüglich aber keine Differenzierungen, sodass eine selten begangene Brücke für Wanderer für die gleichen Flächenlasten ausgelegt werden muss wie die Zugangsbrücke zu einer Veranstaltungshalle.
Auch hinsichtlich der Belastungsverteilung in Querrichtung wäre eine differenzierte Betrachtungsweise angemessen. Ein panikartiges Menschengedränge nur auf einer Seite der Brücke, während sich auf der anderen Seite niemand befindet, ist sehr unwahrscheinlich. Der DIN-Fachbericht 101 lässt eine differenziertere Betrachtung der Belastung jedoch erst ab einer Breite des Brückendecks von 6 m zu. Doch wäre sicher auch bei schmaleren Brücken ein Belastungsansatz von nur 50 % Unterschied zwischen beiden Seiten realistischer, und es ließen sich in Anbetracht der oft dimensionsbestimmenden Torsionsbeanspruchung, die sich dadurch ebenfalls um 50 % reduzieren würde, wesentliche Einsparungen für den Querschnitt erreichen (Abb. 3, S. 18). Für die lokale Betrachtung einzelner Bauteile gibt es zwei Möglichkeiten: Entweder muss eine Einzellast von 10 kN berücksichtigt werden oder die Brücke ist, sofern von Rettungs- oder Betriebsfahrzeugen befahren, mit einem Lastmodell zu berechnen, dem ein zweiachsiger Kleinlastwagen mit einem Gesamtgewicht von 12 t (120 kN) zugrunde liegt (Abb. 4, S. 18). Insbesondere für sekundäre Bauteile (z. B. Querträger) kann dieses Modell bemessungsrelevant sein.

Horizontale Lasten

Fußgängerbrücken haben oft ein sehr geringes Verhältnis von Breite zu Länge, sodass besonders bei größeren Spannweiten horizontale Querlasten die Dimensionen beeinflussen können. Horizontale Längskräfte spielen dagegen eine eher untergeordnete Rolle.

Verkehrslasten
Horizontale Verkehrslasten in Längsrichtung werden pauschal mit 10 % der vertikalen Flächenlast veranschlagt, bei Ansatz von Fahrzeuglasten mit 60 % der vertikalen Einzellasten.
Auch die Geländer müssen für Horizontallasten ausgelegt werden. Sie bestimmen die Dimension der Geländerpfosten sowie ihrer Verankerungen im Überbau. Diese Horizontallasten werden in der Regel im Tragsystem kurzgeschlossen, sodass hieraus keine Lasten vom Brückendeck auf die Stützen oder auf die Widerlager wirken. Als auf das Geländer einwirkende Holmlasten werden entweder nach außen oder nach innen gerichtet 0,80 kN/m angesetzt.

1   akzeptabel   dicht   gedrängt

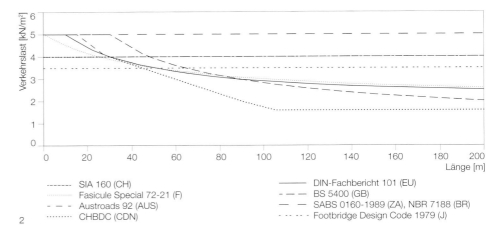

2

Legende zu Abb. 2:

------ SIA 160 (CH)
.... Fasicule Special 72-21 (F)
— · — Austroads 92 (AUS)
········ CHBDC (CDN)

——— DIN-Fachbericht 101 (EU)
— — BS 5400 (GB)
———— SABS 0160-1989 (ZA), NBR 7188 (BR)
— ··· — Footbridge Design Code 1979 (J)

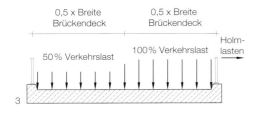

3

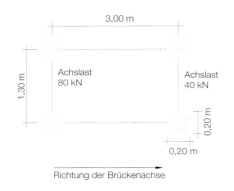

4

Richtung der Brückenachse

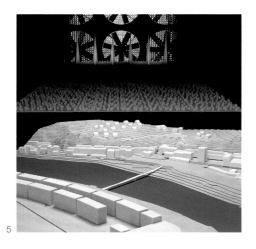

5

Anpralllasten

Als horizontale Anpralllasten auf gefährdete Bauteile setzt der DIN-Fachbericht 101 1000 kN in Fahrtrichtung und 500 kN rechtwinklig zur Fahrtrichtung in einer Angriffshöhe von 1,25 m fest (für Brücken über Straßen). Diese Lasten sind als außergewöhnliche Einwirkungen deklariert und dürfen daher mit einer geringeren Sicherheit beaufschlagt werden. Dennoch sind sie so groß, dass sie eine schlanke Ausbildung der Stützen grundsätzlich ausschließen. Ist diese trotzdem gewünscht, muss nachgewiesen werden, dass die Standsicherheit auch bei Ausfall bzw. einer stark deformierten Stütze noch gewährleistet ist. Ansonsten bleibt nur die Lösung, eine dicke Stütze, einen massiven Anprallsockel oder eine robuste Schutz- bzw. Leitkonstruktion vorzusehen.

Windlasten

Eine weitere oft dimensionsbestimmende, bei größeren Spannweiten manchmal sogar entwurfsbestimmende Komponente sind Windlasten. Sie werden im Anhang N des DIN-Fachberichts 101 geregelt. Die auftretenden Windgeschwindigkeiten hängen vom Standort (Windlastzonen) und der Höhenlage der Brücke ab. Zudem beeinflusst auch die Querschnittsform die Windlast auf das Bauwerk. Die bei der Windumströmung auftretende Windlast wird zum einen über den aerodynamischen Formbeiwert cp, zum anderen über die Ansichtsfläche beschrieben.
Abb. 6 zeigt die Werte für Windlasten in den Zonen 3 und 4 auf einige gängige Brückenquerschnitte. Befinden sich Fußgänger oder Radfahrer auf der Brücke, so ändert sich der umströmte Querschnitt. Mit einem rechteckigen Verkehrsband von 1,80 m Höhe wird dies rechnerisch bei der Auslegung berücksichtigt. Die Windlast W aus Wind kann von 0,8 kN/m² für in Bodennähe befindliche, schlanke

Pfeiler in Windlastzone 1 bis zu 4,7 kN/m² für sehr hoch liegende, gedrungene Überbauten in der Nähe windiger Küsten (Windlastzone 4) reichen. Bei gängigen Querschnitten treten Windlasten zwischen 1,0 und 3,0 kN pro laufendem Meter auf. Messungen an vielen Brücken haben gezeigt, dass die in der Norm festgelegten Lasten meist höher angesetzt sind als die gemessenen Werte. Da die Norm nur verallgemeinernde Angaben machen kann, ist es oft sinnvoller, die realistischen Windlasten über einen Windkanalversuch zu ermitteln. Hierzu wird ein Bauwerksmodell mit entsprechenden Abmessungen und Druckaufnehmern im Windkanal einer Strömung ausgesetzt, deren Turbulenzgrad dem am Ort des Bauwerks zu erwartenden entspricht (Abb. 5).
Besonders bei größeren Brückenbauwerken lohnt es sich immer, die realistischen Lasten mithilfe von Windkanalversuchen zu ermitteln, um damit die Konstruktionen effizienter und wirtschaftlicher gestalten zu können. Die Kosten für den Versuch werden durch Materialeinsparungen und optimierte Querschnitte mehr als ausgeglichen.
Bei leichten Fußgängerbrücken kommt oft noch eine gewisse Schwingungsanfälligkeit hinzu. Auch diese Anregbarkeit durch Wind kann vereinfacht im Windkanal untersucht werden.

Temperaturlasten

Temperaturlasten spielen dann eine wesentliche Rolle, wenn sie zu Verformungen führen, die gegebenenfalls die Gebrauchstauglichkeit des Bauwerks beeinflussen. So kann sich z. B. eine 100 m weit gespannte Spannbandbrücke mit einem Durchhang des Bands von 2 m bei einer Temperaturänderung von 30 °C um ca. 30 cm in Feldmitte verformen – eine beträchtliche Größenordnung. Werden bei statisch unbestimmt gelagerten Tragwerken Temperaturausdehnungen

Windeinwirkungen W [kN/m²] ohne Verkehr			Windeinwirkungen W [kN/m²] mit Verkehr		
auf Überbauten					
b/d $\quad$ $z_e \leq 20$ m	20 m < $z_e \leq 50$ m	50 m < $z_e \leq 100$ m	$z_e \leq 20$ m	20 m < $z_e \leq 50$ m	50 m < $z_e \leq 100$ m
≤ 0,5 $\quad$ 2,55	3,55	4,20	2,10	2,95	3,45
= 4 $\quad$ 1,40	1,95	2,25	1,15	1,60	1,90
≥ 5 $\quad$ 1,40	1,95	2,25	0,90	1,25	1,45
auf Stützen und Pfeilern[1]					
b/d $\quad\quad$ $z_e \leq 20$ m		20 m < $z_e \leq 50$ m		50 m < $z_e \leq 100$ m	
≤ 0,5 $\quad\quad$ 2,40		3,40		4,00	
≥ 5 $\quad\quad$ 1,05		1,50		1,75	

[1] Bei quadratischen Stützen- oder Pfeilerquerschnitten mit abgerundeten Ecken, bei denen das Verhältnis r/d ≥ 0,20 beträgt, können die Windeinwirkungen auf Pfeiler und Stützen um 50 % reduziert werden. Dabei ist r der Radius der Ausrundung.

6

1 verschiedene Dichten von Fußgängerverkehr
2 Verkehrslasten für Fußgängerbrücken in verschiedenen Ländern in Abhängigkeit von der Spannweite
3 differenzierte Betrachtung der Belastung bei einseitigen Verkehrslasten
4 Punktlasten eines Kleinlasters als Lastmodell für die Berechnung einzelner Bauteile bei außergewöhnlicher Belastung
5 Windkanalversuch für eine Fußgängerbrücke in Lyon mit Turbulenzfeld und Windrotoren
6 Windeinwirkungen auf Brücken für die Windlastzonen 3 und 4 (Binnenland)
$\quad$ b $\quad$ Breite Brückendeck [m]
$\quad$ d $\quad$ Höhe von Oberkante einschließlich eventueller Brüstungen bis Unterkante Tragkonstruktion [m]
$\quad$ z_e $\quad$ Windresultierende

oder -verkürzungen behindert, können große Kräfte auftreten. Bei Brücken sind es insbesondere die integralen, d. h. lagerlosen Konstruktionen, die auf Längenänderungen im Überbau nur mit Zusatzspannungen reagieren können. Kapitel V des DIN-Fachberichts 101 definiert die auftretenden Temperaturlasten, die sich bei einem Querschnitt aus verschiedenen Anteilen zusammensetzen (Abb. 7, S. 20). Bei Brücken werden in der Regel die gleichmäßige Temperaturänderung (Abb. 7a) und der linear veränderliche Temperaturanteil (Abb. 7b und c) angesetzt.
Die Werte für Temperaturänderungen im Bauteil liegen bei -35 bis +40 K, die linear veränderlichen Temperaturen im Querschnitt können zusätzlich bis zu +18 bzw. -18 K betragen. In einigen Fällen kann es durch Temperaturunterschiede zwischen verschiedenen Bauteilen (z. B. Zugband und Bogen oder Hänger/Schrägkabel und Überbau) zu ungünstigen Beanspruchungen kommen. Neben dem konstanten Anteil für alle Bauteile sind deshalb zusätzlich 15 K als möglicher Unterschied zu berücksichtigen.

Vandalismus
Oft wird die Frage nach Lasten aus Vandalismus diskutiert. Dabei handelt es sich jedoch weniger um Lasten, vielmehr entsteht durch Zerstörung und den damit verbundenen Ausfall einzelner Bauteile ein verändertes statisches System mit reduzierter Tragfähigkeit. Eine Risikoabschätzung sollte die Wahrscheinlichkeit von Vandalismus und die Auswirkungen auf die Sicherheit des Bauwerks realistisch betrachten, um keine überzogenen Anforderungen zu formulieren.

Dynamik
Schwingungen sind bei Fußgängerbrücken ein wichtiges, aber oft vernachlässigtes Thema. Dabei können übermäßige Schwingungen die Gebrauchstauglichkeit

stark beeinträchtigen und zu Belästigung der Fußgänger führen. Verschiedene Einwirkungen können eine Brücke zu Schwingungen anregen, insbesondere dann, wenn sie sehr flexibel ist, einen leichten Querschnitt aufweist oder weit spannt. Zwei dynamische Anregungen sind von besonderer Bedeutung:
• personeninduzierte Schwingungen, zu denen auch die mutwillige Anregung bzw. der Vandalismus, bei dem durch rhythmisches Hüpfen, Kniebeugen oder Wippen die Brücke zu beachtlichen Schwingungen angeregt wird, gehören
• windinduzierte Schwingungen wie wirbelerregte Querschwingungen und aeroelastische Instabilitäten (z. B. Flattern oder Galloping, siehe S. 22)

Fußgängerbrücken, die dicht über Straßen oder Eisenbahnlinien liegen, können auch durch die Luftdruckschwankungen von vorbeifahrenden Fahrzeugen in Schwingung versetzt werden.

Das Thema Schwingungen bei Fußgängerbrücken ist so alt wie der Brückenbau selbst. Historische Hängebrücken wie z. B. die Brücke Saint-Georges über die Saône in Lyon zeigen aber, dass Schwingungen nicht automatisch zu Problemen führen müssen. Diese Fußgängerbrücke verbindet zwei Stadtteile von Lyon und wird täglich von vielen Passanten gequert. Die Schwingungen sind deutlich spürbar, beeinträchtigen die Fußgänger jedoch nicht. Viele solcher Hängebrücken sind nach Jahrzehnten noch in Benutzung, Einstürze infolge von Ermüdung oder gar Vandalismus sind nicht bekannt. Andererseits zeigen prominente Beispiele in exponierter Lage wie z. B. die Millennium Bridge in London oder die Passerelle Solférino mitten in Paris, dass übermäßige Schwingungen die Gebrauchstauglichkeit erheblich beeinträchtigen können, wenn sie so stark sind, dass die Nutzer beim

Gehen behindert werden oder der Komfort erheblich eingeschränkt ist. Beide Brücken sorgten dadurch für negative Schlagzeilen. Bei der Millennium Bridge traten vor allem horizontale Schwingungen auf, die für Fußgänger besonders unangenehm sind. In beiden Fällen wurden die Brücken aufwendig saniert und nachträglich zusätzliche Dämpferelemente installiert (Abb. 8, S. 20) – eine Gratwanderung, denn einerseits sollte aus wirtschaftlichen und oft auch gestalterischen Gründen auf Dämpfer- oder Tilgerelemente verzichtet werden, andererseits darf die Brücke keine unangenehmen Bewegungen und Beschleunigungen ausführen, die ihre Benutzer beeinträchtigen.
Beim Entwurf von Fußgängerbrücken werden daher hinsichtlich des dynamischen Verhaltens zwei Ansätze verfolgt:
• Vermeidung windinduzierter Schwingungen und insbesondere aeroelastischer Instabilitäten infolge von Wind
• Vermeidung übermäßiger Schwingungen und damit einhergehender Einschränkungen der Gebrauchstauglichkeit aufgrund fußgängerinduzierter Schwingungen

Mögliche Probleme durch Schwingungen gilt es, im Entwurf einer Fußgängerbrücke bereits frühzeitig zu betrachten, wenn noch die Möglichkeit besteht, entsprechend zu reagieren. Bereits während des Entwurfsprozesses, wenn genauere Angaben zur Gründung, zur Dämpfung oder zu den endgültigen Querschnitten und zu etwaigen Vorspannkräften in den Tragseilen noch fehlen, sollten die vorstatischen Berechnungen die Ermittlung der Eigenfrequenzen und Eigenformen beinhalten. Diese Berechnungen sind oft schon sehr aussagekräftig bezüglich des zu erwartenden Schwingungsverhaltens. Gerade in der Entwurfsphase kann auf übermäßige Schwingungen reagiert

19

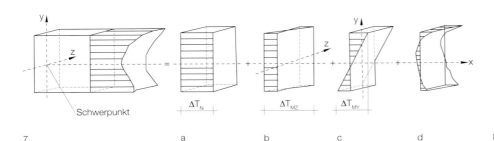

7   a   b   c   d

8

werden und Gegenmaßnahmen lassen sich noch gut konzeptionell berücksichtigen. Beispielsweise können zusätzliche Dämpfer bestmöglich in den Entwurf integriert und entsprechende Verankerungen oder Verstärkungen vorgesehen werden. Wie die beiden oben genannten Beispiele zeigen, sind zwar auch nachträglich noch an einer fertiggestellten Brücke entsprechende Maßnahmen wie das Anbringen von Dämpfungseinheiten möglich, um das Schwingungsverhalten zu verbessern. Diese Dämpfer fügen sich aber oft nicht optimal in den Entwurf ein und wirken wie applizierte Fremdkörper.

Die Erfahrungen, die in den letzten Jahren systematisch im Bereich der fußgängerinduzierten Schwingungen gesammelt wurden, und die Erforschung der gegenseitigen Synchronisation von Fußgängern bei seitlichen Schwingungen tragen dazu bei, dass übermäßige Schwingungen vorab im Entwurf berechnet und so vermieden werden können. Bei den fußgängerinduzierten Schwingungen wurden im Rahmen der EU-geförderten Forschungsvorhaben SYNPEX und HIVOSS [1] sowie von der französischen Straßenbaubehörde SETRA neuartige Bemessungsverfahren entwickelt, die die planenden Ingenieure leicht anwenden können. Damit lassen sich die zu erwartenden Beschleunigungen einfach abschätzen und mit Grenzwerten, die durch die Komfortklassen bestimmt werden, abgleichen. Im Gegensatz dazu sollten bei Entwürfen, bei denen mit windinduzierten Schwingungen und aeroelastischen Instabilitäten zu rechnen ist, Windingenieure einbezogen werden, die gegebenenfalls Versuche im Windkanal durchführen.

Eigenfrequenzen und Eigenformen
Bei Fußgängerbrücken handelt es sich wie bei jedem Tragwerk um ein schwingungsfähiges System. Wird die Brücke beispielsweise kurz durch einen Stoß auf

dem Deck angeregt, schwingt sie über einen gewissen Zeitraum mit einer bestimmten Eigenfrequenz. Diese ist daher eine wichtige Kennzahl zur Beurteilung der Schwingungsanfälligkeit. So hängt beispielsweise bei einer Balkenbrücke die Eigenfrequenz im Wesentlichen von der Spannweite sowie der Biegesteifigkeit und Masse des Brückendecks ab: Je höher die Biegesteifigkeit, desto höher ist die Eigenfrequenz, je länger oder schwerer die Brücke, desto geringer die Eigenfrequenz. Jede Fußgängerbrücke verfügt über ein eigenes Schwingungsmuster. Ähnlich einer Gitarrensaite, nur viel langsamer, hat sie Grund- und Oberschwingungen, die auch als Eigenformen bezeichnet werden. Entsprechend ihrer Schwingzeiten werden diese durchnummeriert, wobei die Schwingung mit der längsten Schwingzeit als erste Eigenform bezeichnet wird. Die Eigenform wird auch Modalform genannt, sie zeigt die Brücke im ausgelenkten Zustand, ähnlich einem Pendel bei maximaler Auslenkung.
Bei einer Balkenbrücke beispielsweise lassen sich anhand der Eigenformen vertikale und horizontale Biegeschwingungen, aber auch Torsions- oder Rotationsschwingungen unterscheiden (Abb. 10). Bei Hängebrücken können aufgrund der Seile oftmals auch gekoppelte Eigenformen auftreten, die Anteile von Torsions- und Biegeschwingungen enthalten (Abb. 11).
Die Eigenfrequenzen lassen sich bei einfachen Brücken mithilfe von Tabellenwerken oder Handberechnungsverfahren ermitteln. Bei komplexeren Tragsystemen wie z.B. Hängebrücken, unterspannten Trägern oder gekrümmten Brücken ist es möglich, die Eigenfrequenzen und Eigenformen mit der Finite-Elemente-Methode (FEM) zu berechnen. Da diese Berechnungsprogramme heute bereits in der Entwurfsphase für die Vorbemessung zum Einsatz kommen, ist der Aufwand

hierfür sehr gering und eine erste Einschätzung des zu erwartenden Verhaltens der Brücke ist somit schon sehr früh möglich. Bei der Berechnung der Eigenfrequenzen ist darauf zu achten, dass sämtliche Ausbaulasten wie z.B. der Belag, der Deckenaufbau oder das Geländer mit ihren Massen berücksichtigt werden. Diese zusätzlichen Massen führen zu einer Abminderung der Eigenfrequenzen. Bei einer Balkenbrücke bedeutet eine um 20% höhere Masse eine Zunahme der Schwingzeit um 10% oder, anders ausgedrückt, eine 10% geringere Eigenfrequenz. Gerade bei leichten Brücken, bei denen das Verhältnis zwischen der Masse des Brückendecks und der Masse der Fußgänger gering ist (Verhältnis Brücke/Mensch < 0,8), sollte bei einem durchgängigen Fußgängerstrom die zusätzliche Masse der Fußgänger berücksichtigt werden, da die Eigenfrequenz damit weiter absinkt. Die Masse von Einzelpersonen oder Gruppen mit bis zu zehn Personen ist allerdings im Allgemeinen zu vernachlässigen.
Von jeder Eigenform lässt sich die modale Masse berechnen, oft zeigen die FEM-Programme ihren Wert bei der Eigenwertberechnung an. Sie gibt an, welche Masse bei einer Schwingung aktiv ist. Eine Übertragung der Schwingungsproblematik vom komplexen Berechnungsmodell im FEM-Programm auf einen einfach zu berechnenden Einmassenschwinger ist problemlos möglich, sie erlaubt die Berechnung mit einer konzentrierten Masse, die auf einer Feder mit derselben Schwingzeit wie die Brücke aufgelagert ist (Abb. 9).

Anregung, Systemantwort, Resonanz
Zu den dynamischen Anregungen zählen sowohl Lasten, die sich hinsichtlich ihrer Lage oder Größe mehr oder weniger rasch verändern (z.B. Fußgänger), als auch stoßartige Belastungen, die

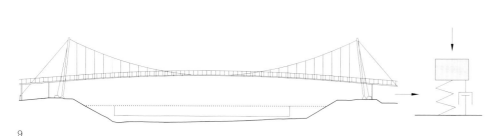

9

beispielsweise durch Windböen ausgelöst werden. Die Brücke, insbesondere das Brückendeck, antwortet mit einer elastischen Verformung, die von der Belastung abhängig ist. Betrachtet man die Veränderung der Verschiebungen im Zeitverlauf, so ergeben sich hieraus die Geschwindigkeiten und die Beschleunigungen, die für die Beurteilung des Komforts einer Fußgängerbrücke herangezogen werden können.

Die Schwingungsfähigkeit kann nur bei entsprechenden Anregungen zu einem Problem werden. Liegen Erregerfrequenz und Eigenfrequenz der Fußgängerbrücke weit auseinander, sind die Schwingungen kaum wahrnehmbar. Stimmen dagegen die Erregerfrequenzen der dynamischen Anregung mit einer der Eigenfrequenzen der Fußgängerbrücke überein, dann tritt eine sogenannte Resonanz auf, d.h. ein verstärktes Mitschwingen des schwingungsfähigen Systems. Die maximale Systemantwort auf eine dynamische Last ist im Vergleich zu der gleichen statischen Last um ein Vielfaches höher. Im Resonanzfall ergeben sich die Beschleunigungen aus dem Verhältnis der einwirkenden Anregung zur schwingenden Masse und zur Dämpfung. Je größer die Dämpfung bzw. die schwingende Masse, desto kleiner sind die Beschleunigungen, d.h. bei gleicher Anregung, aber doppelter Masse betragen die Beschleunigungen nur die Hälfte.

Dämpfung
Die Dämpfung sorgt dafür, dass die Ausschläge der Schwingung, also die Amplituden, kleiner werden und die Schwingung abklingt. Die Bewegungsenergie des schwingenden Systems wird dadurch dissipiert, d.h. in andere Energieformen wie z.B. Wärme umgewandelt. Es gibt verschiedene Arten der Dämpfung. Die Strukturdämpfung beschreibt das Dämpfungsverhalten einer Konstruktion mit seinen Verbindungen und Auflagerungen, während die Materialdämpfung nur die innere Dämpfung in den Elementen durch unterschiedliche Beanspruchungen bezeichnet.

Bei der Planung einen zuverlässigen und wirklichkeitsnahen Wert für die Dämpfung abzuschätzen, ist schwierig, da viele Faktoren das Dämpfungsverhalten beeinflussen. Je nach Verbindungsmittel, ob geschraubt oder geschweißt, verändert sich die Dämpfung. Erfahrungsgemäß kann der Ausbau, z.B. ein Belag aus Asphalt und ein Geländer aus Maschendraht, einen wesentlichen Beitrag zur Dämpfung leisten, was sich durch nachträgliches Messen der Dämpfungswerte belegen lässt.

Anregung durch Wind
Auch Wind kann Brücken zu Schwingungen anregen. Übermäßige Belastung entsteht dabei aber weniger bei Schwingungen durch Böen als vielmehr bei wirbelerregten Querschwingungen und aeroelastischen Instabilitäten. Zu den aeroelastischen Instabilitäten gehören die Phänomene Biege- und Torsionsgalloping sowie das Flattern und die Divergenz. Während sich die Aerodynamik mit den aerodynamischen Kräften befasst, betrachtet die Aeroelastik die oftmals sehr großen Wechselwirkungen zwischen dem elastischen Verhalten des Tragwerks und den auftretenden aerodynamischen Kräften.

Bei einem instabilen Verhalten ist das System nicht mehr im Gleichgewicht. Aeroelastische Instabilitäten treten dann auf, wenn sich durch eine verstärkende Wechselwirkung zwischen den aerodynamischen Kräften und einer Schwingungsbewegung beide Kräfte vergrößern. Es wird mehr Energie in das schwingende System eingetragen, als die Strukturdämpfung und die aerodynamische Dämpfung dissipieren können, wodurch

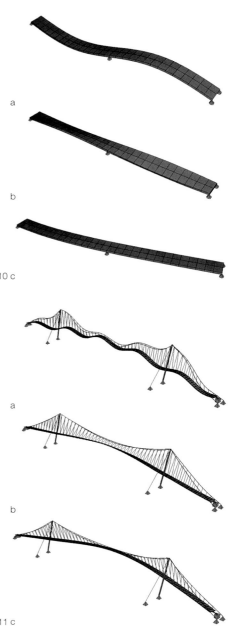

a

b

10 c

a

b

11 c

21

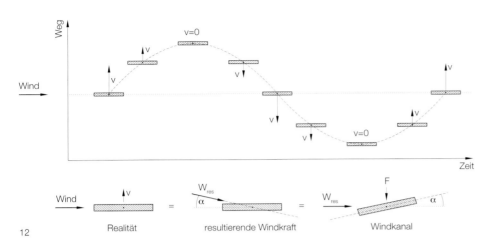

Realität   resultierende Windkraft   Windkanal

12

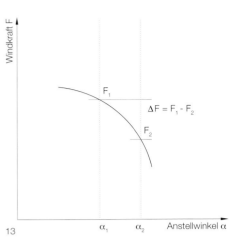

13

das System zu Schwingungen mit immer größeren Amplituden angeregt wird.

Wirbelerregte Querschwingungen
Wirbelerregte Querschwingungen entstehen durch eine periodische Ablösung von Wirbeln an einem Querschnitt. Stimmt die Ablösefrequenz der Wirbel mit einer Eigenfrequenz der Brücke überein, kommt es zur Resonanz mit großen Schwingungsamplituden. Mithilfe gezielter Dämpfungsmaßnahmen lassen sich die Amplituden jedoch begrenzen.

Galloping
Das Galloping ist eine für schlanke Strukturen typische aeroelastische Instabilität, die z. B. bei Hochspannungsleitungen mit Eisbehang auftritt, aber auch bei weitgespannten oder leichten Fußgängerbrücken. Beim Galloping wird die Schwingung durch die Eigenbewegung des Querschnitts im Wind weiter angeregt (Abb. 12). Dabei führt die Brücke Biege- oder Torsionsschwingungen aus. Im Windkanal kann das mit einem statischen Versuch problemlos simuliert werden, indem man die Windkräfte unter verschiedenen Anstellwinkeln misst und sicherstellt, dass die Änderung der Windkräfte Δ F nicht negativ wird und damit keine Kräfte auftreten, die die Bewegung verstärken (Abb. 13). Die auftretenden Amplituden können ein Mehrfaches der Querschnittshöhe betragen. Um diesen Effekt zu vermeiden, sollte die Geschwindigkeit, bei der das Galloping einsetzt, in jedem Fall größer sein als die maximal zu erwartende Windgeschwindigkeit. Liegen die kritische Geschwindigkeit für wirbelerregte Querschwingungen und die Einsetzgeschwindigkeit des Galloping sehr dicht beieinander, können auch Interaktionseffekte zwischen wirbelerregten Querschwingungen und Galloping auftreten. In diesem Fall sollten aeroelastische Windkanaluntersuchungen durchgeführt werden.

Flattern
Das Flattern beschreibt ein aeroelastisches Phänomen, bei dem die Vertikal- und Torsionsschwingungen gekoppelt sind und durch die Windanströmung veränderliche Kräfte auf den Querschnitt wirken, die die Schwingungen weiter anwachsen lassen. Es handelt sich dabei ebenfalls um eine selbsterregte Schwingung, bei der die Bewegungen im Wind zu einer weiteren Erhöhung der Belastung führen. Das System entzieht der Strömung Energie und speichert diese in elastischen Verformungen. Bereits eine kleine anfängliche Auslenkung, z. B. durch einen Windstoß, kann diesen Mechanismus in Gang setzen. Ist anschließend der Energieeintrag in die Brücke größer als die Energie, die durch die Dämpfung dissipiert wird, steigen die Schwingungen stark an. Ein bekanntes Beispiel für die zerstörerische Wirkung dieses Phänomens ist die Tacoma Narrows Bridge im US-Bundesstaat Washington, die 1940 nach nur viermonatiger Betriebszeit einstürzte.
Flattern tritt vor allem bei verformungsfähigen, plattenähnlichen Querschnitten, wie sie bei Brückendecks häufig vorkommen, auf. DIN 1055-4 »Windlasten« gibt hier einfache Hinweise, bei welchen Bedingungen keine Flattergefahr besteht:

· Das Brückendeck sollte einen langgestreckten Querschnitt aufweisen mit einem Verhältnis von Breite (d) zu Höhe (b) d/b > 4.
· Die Torsionsachse des Brückendecks muss parallel zum Deck und rechtwinklig zur Windrichtung verlaufen. Zudem ist zwischen dem Drehpunkt und dem windzugewandten Rand des Querschnitts ein gewisser Abstand (d/4) einzuhalten. Brückenquerschnitte, bei denen der Drehpunkt meist in der Brückenmitte liegt, erfüllen diese Forderung in der Regel.

· Die niedrigste Eigenfrequenz der Brücke muss zu einer Torsionsschwingung gehören oder eine Torsionseigenfrequenz etwa das Doppelte der niedrigsten Biegeeigenfrequenz betragen. Das bedeutet, dass die Frequenz der Drehbewegung nicht mit der Frequenz einer vertikalen Schwingung zusammenfallen darf und sie einen ausreichenden Abstand zueinander haben müssen.

Divergenz
Ein weiteres aeroelastisches Phänomen ist die Divergenz. Sie ist jedoch kein dynamisches Problem, das in Zusammenhang mit einer Schwingung auftritt, sondern ein statisches. Häufig erzeugen Windkräfte ein Torsionsmoment am Brückenquerschnitt, der mit zunehmender Windgeschwindigkeit stärker verdreht wird. Dies verursacht eine höhere Torsionsbelastung, die wiederum eine Zunahme der Verformungen nach sich zieht. Der Zustand ist so lange stabil, wie der Zuwachs der Verdrehung infolge der Steifigkeit größer ist als der Zuwachs der Last infolge einer Verdrehung.
In den meisten Fällen ist die kritische Windgeschwindigkeit, bei der die Divergenz einsetzt, höher als beim Flattern, sodass diesem Phänomen ein untergeordnete Bedeutung zukommt.

Ziel jedes Entwurfs sollte es sein, aeroelastische Instabilitäten zu vermeiden. Im Gegensatz zu fußgängerinduzierten Schwingungen, bei denen es möglich ist, die Schwingungen mit Dämpfern zu kontrollieren und so die Grenzwerte einzuhalten, ist bei aeroelastischen Instabilitäten das Problem erfahrungsgemäß nicht mit einer Erhöhung der Dämpfung zu lösen. Eine vorteilhafte aerodynamische Gestaltung des Querschnitts z. B. mit seitlich an das Brückendeck angebrachten Leitblechen, die die Luftströmung am

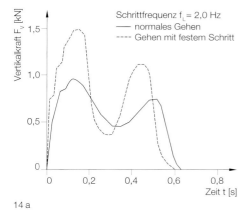

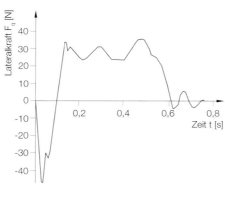

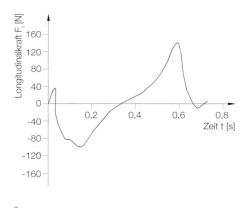

14 a b c

Querschnitt günstig beeinflussen, kann jedoch das Auftreten aeroelastischer Instabilitäten verhindern. Für die Auslegung und den Nachweis der Wirksamkeit der Leitbleche sind in der Regel Versuche im Windkanal erforderlich. Diese erfolgen an einem Sektionsmodell, das nur einen Abschnitt des Brückenquerschnitts darstellt und mittels Federn gelagert wird, die sich so einstellen lassen, dass das dynamische Verhalten am Modell mit dem der wirklichen Brücke übereinstimmt.

Anregung durch Fußgänger

Fußgänger bewegen sich mit unterschiedlichen Geschwindigkeiten und Schrittlängen, woraus sich die Schrittfrequenz ergibt. Die mittlere Schrittfrequenz für normales Gehen beträgt 1,8–2,0 Hz. Die Untergrenze liegt bei etwa 1,3 Hz, die obere Grenze bei ca. 2,3 Hz (Abb. 15). Diese beiden Werte markieren den kritischen Bereich, in dem die Brücke zu Vertikal- bzw. Torsionsschwingungen angeregt werden kann. Da die für die Anregung getroffenen vereinfachten Annahmen von der Realität abweichen können, unterliegen auch die einwirkenden Kräfte gewissen Schwankungen.
Einzelne Fußgänger oder Gruppen sind in der Lage, eine Brücke in vertikaler und horizontaler Richtung zu Schwingungen anzuregen. Jeder Schritt leitet impulsartige Lasten in die Brücke ein, viele Schritte führen zu einer Anregung mit gleichmäßigem Rhythmus. Jeder Schritt weist neben einer Kraftkomponente in vertikaler Richtung (Vertikalkraft F_v) auch Komponenten quer (Lateralkraft F_q) und längs (Longitudinalkraft F_l) zur Laufrichtung auf und regt daher die Fußgängerbrücke sowohl zu Vertikal- oder Torsionsschwingungen als auch zu Querschwingungen an (Abb. 14 und 16, S. 24). Das gilt vor allem für die Eigenfrequenzen, die im Bereich der Schritt-

frequenz von Fußgängern liegen. Ein nicht erst seit der Millennium Bridge in London bekanntes Phänomen entsteht bei horizontalen Schwingungen, die sich zu großen Amplituden aufschwingen. Ursache dafür ist, dass die Fußgänger aufgrund der Querbewegung des Decks ihr Laufverhalten verändern und in eine Art Seemannsgang wechseln, bei dem die transversalen Kräfte deutlich größer sind als beim normalen Gehen. Versuchen die Fußgänger zudem, sich in der Frequenz der Querschwingung zu bewegen, vergrößert sich das Problem aufgrund der Resonanz noch. In diesem Zusammenhang spricht man von einer Synchronisation der Fußgänger mit der Brücke oder vom Lock-in-Effekt. Infolge der Probleme bei der Millennium Bridge führte das Büro Arup umfangreiche Untersuchungen durch und fasste die Ergebnisse in einem allgemeingültigen Bemessungsvorschlag zur Überprüfung des seitlichen Lock-in-Risikos zusammen.
Fußgängerbrücken können und dürfen infolge von Fußgängernutzung schwingen. Das muss nicht immer nur als störend empfunden werden, schwingende Fußgängerbrücken können auch Spaß machen. Natürlich muss aber immer die Gebrauchstauglichkeit gewährleistet sein. In einigen älteren Regelwerken und Normen wurden für Fußgängerbrücken Eigenfrequenzen von mehr als 5 Hz empfohlen bzw. gefordert, um fußgängerinduzierte Schwingungen ganz zu vermeiden. Solch ein Frequenzkriterium schränkt die Entwurfsvielfalt jedoch unnötig ein. Leichte, weitgespannte Fußgängerbrücken wie z.B. Hänge- oder Spannbandbrücken lassen sich mit dieser Vorgabe nicht planen und bauen. Bei großen Spannweiten wären entsprechende Entwürfe sogar unwirtschaftlich. Daher wurde im Rahmen der Forschungsprojekte SYNPEX und HIVOSS ein neues Bemessungsverfahren für Fußgängerbrücken mit Eigenfrequen-

zen im Bereich der Schrittfrequenzen von Fußgängern entwickelt. Dieses empfiehlt die folgenden Schritte:
· Berechnung der Eigenfrequenzen der Brücke
· Überprüfung, ob die Eigenfrequenzen des Systems im kritischen Bereich liegen. Bei Querschwingung gelten 0,5–1,2 Hz als kritisch, bei Vertikal- und Torsionsschwingungen 1,25–2,30 Hz. Prinzipiell ist es auch möglich, dass Eigenfrequenzen zwischen 2,5 und 4,6 Hz zu Vertikal- und Torsionsschwingungen angeregt werden. Bis heute ist jedoch kein Fall bekannt, bei dem dieser Frequenzbereich zu übermäßigen Schwingungen geführt hat.
· Wahl einer Bemessungssituation, die sich aus einer Verkehrsdichte und einem Komfortkriterium zusammensetzt. Das Komfortkriterium entspricht einer maximalen Beschleunigung der Gehfläche. Dabei sollte in jedem Fall die Wahrscheinlichkeit und Häufigkeit der gewählten Bemessungssituation berücksichtigt werden.

12 Simulation der Kräfte F auf einen Querschnitt über variierenden Anstellwinkeln α (Galloping) v Geschwindigkeit des Querschnitts im Wind
13 für das Galloping kritischer Kräfteverlauf bei unterschiedlichen Anstellwinkeln α
14 Vertikal- (a), Lateral- (b) und Longitudinalkräfte (c) auf Brückenfläche durch das Gehen
15 typische Werte für Schrittfrequenz, Geschwindigkeit und Schrittlänge eines Erwachsenen

	Schrittfrequenz f_s [Hz]	Geschwindigkeit v_s [m/s]	Schrittlänge l_s [m]
langsames Gehen	1,7	1,0	0,60
normales Gehen	2,0	1,5	0,75
schnelles Gehen	2,3	2,3	1,00
normales Rennen	2,5	3,1	1,25
schnelles Rennen	> 3,2	5,5	1,75

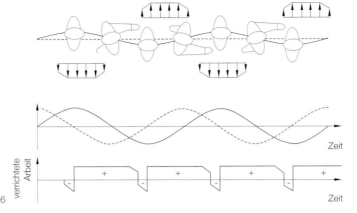

Bodenreaktionskräfte
durch linken Fuß

seitliche Bewegung
des Schwerpunkts

Bodenreaktionskräfte
durch rechten Fuß

—— seitliche Deck-
auslenkung
---- seitliche Deck-
geschwindigkeit

positive Arbeit = Erhöhung
negative Arbeit = Reduktion

16 schematische Beschreibung synchronisierten
Gehens
17 Vergleich der Schwingungsbewertung zweier
Brücken
a Kochenhofsteg, Stuttgart (D)
b Wachtelsteg, Pforzheim (D)
18 horizontal wirkende Tilger (Pendeldämpfer)
a Einbau der Tilger
b Untersicht der Brücke mit eingebauten Tilgern
19 vertikal wirkender Schwingungstilger

16

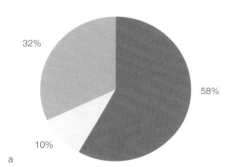

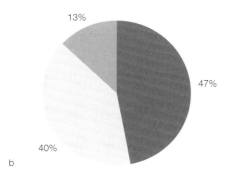

17 ■ nicht störend   ■ störend   ■ amüsant

· Abschätzung der notwendigen Dämpfung für den Entwurf
· Berechnung der Beschleunigung für
  die vorgegebene Verkehrsdichte. Die
  entsprechenden Lastmodelle haben
  ein über die Zeit konstantes Schwingungsmuster, das der Literatur entnom-
  mmen werden kann [2]. Die Berechnung kann mit der modalen Analyse
  erfolgen oder unter Verwendung von
  FEM-Programmen.
· Überprüfen des seitlichen Lock-in-
  Risikos
· Nachweis der Gebrauchstauglichkeit
  durch Vergleich der ermittelten Beschleunigung mit den Anforderungen
  aus der Komfortklasse. Werden die
  Anforderungen nicht eingehalten, sind
  entsprechende Maßnahmen notwendig.

Wahrnehmung und Beurteilung von Schwingungen
Die Wahrnehmung von Schwingungen
ist nicht nur von Mensch zu Mensch ver-
schieden, sondern hängt auch von der
Frequenz und Richtung der Schwingung,
der Dauer der Exposition und der Kör-
perhaltung ab. Letztlich ist die gefühlte
Schwingung für die Qualität der Brücke
wichtig. Ob Schwingungen tatsächlich
als Belästigung empfunden werden, ist
auch durch die Wahrnehmung und die
Erwartungshaltung geprägt. Ein Experi-
ment der RWTH Aachen im Rahmen des
Forschungsprojekts SYNPEX zeigt, wie
unterschiedlich die Beurteilung bei ähnlichen Schwingungen ausfallen kann. Die
betrachteten Brücken sind hinsichtlich
ihrer Spannweite und dynamischen Eigenschaften vergleichbar, sogar die Beschleunigungen aus den fußgängerinduzierten Schwingungen entsprechen sich.
Bei der leichten Hängebrücke empfinden
nur 10% der Passanten die Deckschwin-
gungen als störend (Abb. 17a), bei der
Bogenbrücke hingegen 40% (Abb. 17b).
Offensichtlich ist die erwartete Schwingung bei der leichten Hängebrücke grö-

ßer als bei der steiferen Bogenbrücke.
Aber spätestens, wenn das Gehen be-
schwerlich wird oder es gar bei Querschwingung zu Gleichgewichtsstörungen
kommt, handelt es sich nicht mehr um
subjektive Wahrnehmung, sondern um
eine objektive Minderung des Komforts.
Wichtige Aspekte bei der Bemessung von
Fußgängerbrücken hinsichtlich fußgängerinduzierter Schwingungen sind die
Lage der Brücke, die Verkehrsdichte, die
Art des Verkehrs und die zu erwartende
Nutzung. Eine Brücke in einem Stadtpark,
auf der Spaziergänger am Wochenende
schlendern, stellt wesentlich geringere
Anforderungen an den dynamischen Entwurf als eine innerstädtische Brücke, die
zwei Verkehrsknoten verbindet und auf
der täglich Tausende Berufspendler zur
Arbeit strömen. Deshalb wurden in dem
Bemessungsverfahren Verkehrsklassen
eingeführt, die die entsprechende Verkehrsdichte abbilden. Die Wahl einer
wirklichkeitsnahen Verkehrsklasse bildet
eine wichtige Grundlage für die weitere
Planung. Eine ingenieurmäßige Einschätzung der Häufigkeit der verschiedenen
Verkehrsdichten (siehe Funktionale Anforderungen, S. 9ff.) hilft bei der Entscheidung für die bemessungsrelevante Verkehrsdichte und die Komfortkriterien.
Einmalige oder selten auftretende Ereig-
nisse wie z.B. die Eröffnungsfeier der
Brücke mit vielen Menschen können zu
deutlich spürbaren Schwingungen führen,
stellen jedoch statisch kein Problem dar.
Für solche Fälle muss natürlich nicht die
maximale Komfortklasse gelten.
In jedem Fall empfiehlt es sich, mit dem
Bauherrn frühzeitig über etwaige auftretende Schwingungen zu sprechen und
ihn darauf hinzuweisen, dass seine neue
Brücke eine gewisse »Lebhaftigkeit«
aufweisen wird. Viele Bauherren sind
dadurch vorbereitet und tragen den
Entwurfsgedanken einer angeregten,
schwingenden Brücke mit.

18 a
b
19

Messungen der Schwingung

Bei schwingungsanfälligen Brücken bieten sich Messungen vor Ort an, um die Eigenfrequenzen exakt zu verifizieren, die Dämpfung zu bestimmen und beispielsweise für kleine Fußgängergruppen die tatsächlichen Beschleunigungen zu ermitteln. Diese Messungen lassen sich mit einem vergleichsweise geringen Aufwand durchführen. Zu der erforderlichen Messausrüstung gehören Beschleunigungsmessgeräte, sogenannte Schwingungsaufnehmer, und eine Apparatur zur Aufzeichnung der Messwerte. Die Schwingungsaufnehmer messen entweder Schwinggeschwindigkeiten oder Beschleunigungen. Beide Systeme sind in der Praxis gebräuchlich. Bei einer ausreichend großen Anzahl von Schwingungsaufnehmern auf der Brücke lassen sich nicht nur die Amplituden der Schwingung, sondern auch die Eigenfrequenzen sowie Eigenformen und Dämpfung für jede der Eigenfrequenzen bestimmen. Diese Messungen bilden die Grundlage für die exakte Auslegung der durch die Berechnung vordimensionierten Dämpfer. Nach deren Einbau sollten weitere Messungen ihre Wirkung überprüfen.

Erfahrungsgemäß können Bauteile wie das Geländer oder der Belag in beachtlichem Umfang zur Dämpfung beitragen. Deshalb sollten die Messungen bei neuen Fußgängerbrücken möglichst erst nach der Fertigstellung erfolgen. Hierfür und für den eventuellen Einbau von dämpfenden oder tilgenden Maßnahmen muss genügend Zeit eingeplant werden.

Die experimentelle Bestimmung der dynamischen Kennwerte lässt sich anhand des Aufwands in zwei Stufen unterteilen:
- Stufe 1: Bestimmung der dynamischen Kennwerte wie z.B. Eigenfrequenzen, Modalformen und Dämpfungseigenschaften. Diese Kennwerte können zur Auslegung der Dämpferelemente herangezogen werden.
- Stufe 2: Messung der Schwingungen bei Anregung durch Fußgänger. Ziel ist es, die Komfortkriterien sowie die Berechnungsergebnisse der dynamischen Untersuchung aus der Entwurfsphase zu überprüfen.

Die experimentelle Untersuchung in Stufe 2 sollte aus mehreren Messreihen bestehen, bei denen die Beschleunigungen infolge einer einzelnen Person, einer Gruppe von Personen und eines Fußgängerstroms gemessen werden. Letztere ist gerade bei sehr langen Brücken aufwendig, da sie eine große Anzahl von Personen erfordert. Anhand dieser Messungen kann der Planer mit dem Bauherrn entscheiden, ob Dämpfungsmaßnahmen durchzuführen sind.

Schwingungskontrolle

Überschreiten die berechneten oder experimentell gemessenen Beschleunigungen die Werte der gewünschten Komfortklasse, sind zusätzliche Maßnahmen erforderlich. Dazu stehen u.a. folgende Möglichkeiten zur Verfügung:
- Veränderung der Frequenzen durch Modifikation der Brückenmasse oder durch Versteifungsmaßnahmen
- Erhöhung der Strukturdämpfung, z.B. durch Einbau eines dämpfenden Belags
- Einbau zusätzlicher Dämpferelemente
- aktive Schwingungskontrolle, bei der z.B. mittels Vorrichtungen aktiv Kräfte an das System abgegeben werden, die der Schwingung entgegenwirken, wodurch sich die Amplituden reduzieren

Da eine Veränderung der Frequenz oder Masse oft einen erheblichen unerwünschten Eingriff in den Gesamtentwurf bedeutet, werden eher additive Maßnahmen in Form von Dämpfern oder Tilgern bevorzugt. Folgende Dämpferelemente, die sich nachträglich einbauen lassen, kommen häufig zum Einsatz:
- viskose Dämpfer
- abgestimmte Massendämpfer
- abgestimmte Pendeldämpfer
- abgestimmte Flüssigkeitssäulendämpfer
- Flüssigkeitsdämpfer

Ein sehr wirksamer Ansatz für Brücken besteht darin, die Dämpfung des Systems durch Tilger bzw. abgestimmte Massendämpfer (Tuned Mass Dampers – TMD) zu erhöhen. Diese bestehen aus einer zusätzlichen Masse, einer Feder und einem Dämpferelement, das durch das Hin- und Herströmen von zähflüssigem Material Energie dissipiert. Die drei Bauteile werden in einem Gehäuse vormontiert und dann an der Brücke befestigt. Da die TMD entsprechend Platz benötigen, ist es von Vorteil, sie bereits im Entwurf zu bedenken und die zu ihrer Befestigung notwendigen Vorrichtungen einzuplanen (Abb. 18 und 19).

Das dynamische Verhalten sollte bei der Planung von Fußgängerbrücken von Anfang an einbezogen werden. Die Anstrengungen der letzten Jahre haben dazu beigetragen, dass dieses sich mittlerweile sehr gut vorhersagen, beurteilen und durch dämpfende oder tilgende Maßnahmen verbessern lässt.

Anmerkungen:
[1] RWTH Aachen u. a.: Advanced Load Models for Synchronous Pedestrian Excitation and Optimised Design Guidelines for Steel Foot Bridges (SYNPEX). 2008
RWTH Aachen u. a.: Human Induced Vibrations of Steel Structures. Leitfaden für die Bemessung von Fußgängerbrücken (HIVOSS). 2008
[2] Heinemeyer, Christoph u. a.: Design of Lightweight Footbridges for Human Induced Vibrations. JRC Scientific and Technical Reports. 2009

Material

Ziel beim Entwurf einer Brückenkonstruktion sollte es stets sein, so wenig Material wie möglich zu verbrauchen. Noch heute besitzt der Leitspruch der Architekturmoderne »Weniger ist mehr« uneingeschränkte Gültigkeit. Wenig Material zu verwenden bedeutet, Unnötiges wegzulassen und den Prinzipien des Leichtbaus folgend das Tragwerk so leicht wie möglich und gleichzeitig so steif wie nötig zu konstruieren. Dies erfordert einen materialübergreifenden Ansatz: Die einzelnen Werkstoffe haben ganz unterschiedliche Eigenschaften, deren Effizienz besonders im Zusammenspiel mit anderen Materialien zutage tritt. Doch wie lässt sich die Effizienz eines Werkstoffs beurteilen? Die sogenannte Reißlänge ist eine anschauliche Größe für Zugbelastungen. Sie beschreibt die Länge, bei der ein frei hängender Querschnitt unter seinem Eigengewicht reißt. Bei Druckbelastungen spricht man von der Grenzhöhe und versteht darunter die Höhe, bei der ein Werkstoff unter seinem Eigengewicht seine maximale Druckfestigkeit erreicht. Bei konstantem Querschnitt errechnen sich die Reißlänge L_r und die Grenzhöhe H folgendermaßen:

$$G = A \cdot \gamma \cdot L_r$$
$$P = \beta_z \cdot A$$

Aus $G = P$ folgt: $L_r = \beta_z / \gamma$ bzw. $H = \beta_d / \gamma$.

G   Gewicht
A   Querschnittsfläche [m²]
γ   spezifisches Gewicht [kN/m³]
P   zulässige Kraft
β_z maximale Zugfestigkeit [N/mm²]
β_d maximale Druckfestigkeit [N/mm²]

1   Hängebrücke Mariensteg, Wernstein (A) / Neuburg (D), 2006, Erhard Kargel
2   Zugfestigkeit, Gewicht und Reißlänge unterschiedlicher Baustoffe
3   Resistenzklassen verschiedener Holzarten

Diese Berechnung lässt sich auch auf ein Hängeseil oder einen Druckbogen übertragen. Wird dabei ein gebräuchliches Verhältnis f/l = 1/10 von Durchhang bzw. Bogenstich zur Länge zwischen den Bogenendpunkten vorausgesetzt, so kann die Grenzspannweite mit einem Faktor 0,8 der Reißlänge oder der Grenzhöhe berechnet werden.
Geht man bei einer Hängebrücke von der realistischen Annahme aus, dass das Seil zusätzlich zu seinem Eigengewicht noch eine Last tragen muss, die diesem entspricht, und rechnet dann eine dreifache Sicherheit ein, so beträgt die Grenzspannweite etwa 4800 m. Mit herkömmlichen Werkstoffen nähern sich so gigantische Projekte wie beispielsweise die geplante Messina-Brücke vom italienischen Festland nach Sizilien dieser Grenzspannweite. Größere Spannweiten sind nur durch die Verwendung von glas- oder kohlefaserverstärkten Kunststoffen, die einen wesentlich höheren β/γ-Wert haben, möglich (Abb. 2). Bei Fußgängerbrücken mit deutlich geringeren Spannweiten sind

solche Grenzbetrachtungen nicht notwendig. Für eine leichte und filigrane Konstruktion spielt jedoch immer auch die Leistungsfähigkeit und Effektivität des Materials eine entscheidende Rolle.

Holz
Bei der Betrachtung verschiedener Materialien hinsichtlich ihrer Leistungsfähigkeit als Baustoffe schneidet Holz besonders gut ab. Die Liste der Holzarten reicht vom weichen Balsaholz mit einer Dichte von 1–2 kN/m³ bis zum Eisenholz mit einer Dichte von mehr als 10 kN/m³. Sie alle unterscheiden sich nicht nur in ihrer Festigkeit voneinander, sondern auch in ihrer Dauerhaftigkeit, die die sogenannten Resistenzklassen nach DIN EN 350-2 angeben (Abb. 3).
Entscheidend für die Auswahl einer Holzart ist, ob das Holz im Primärtragwerk (z. B. Fachwerk) oder als sekundäres, untergeordnetes Bauteil (z. B. als Belagsbohlen) zum Einsatz kommt. Für kleine und mittlere Spannweiten kann Holz als Primärtragwerk in Form von Balken-,

Baustoff	Materialzugfestigkeit β_z [MN/m²]	Materialgewicht γ [kN/m³]	Reißlänge R [km]
hochwertiger Baustahl	520	78	6,7
Stahlseile höchster Qualität	2100	78	27
Fichte	80	4,7	17
Beton	ca. 2,5	ca. 25	0,13
Glasfaser	1500	25	60
Kohlefaser	2100	15	140

Resistenzklassen				
1 sehr dauerhaft	**2** dauerhaft	**3** mäßig dauerhaft	**4** wenig dauerhaft	**5** nicht dauerhaft
Afzelia Maobi Bilinga Greenheart Padouk asiatischer Teak Makoré	Stiel-/Traubeneiche Edelkastanie Western Red Cedar Bangkirai Bubinga Merbau Bongossi Mahagoni	Pitch Pine	Tanne Fichte Ulme (Rüster) Roteiche Yellow Meranti	Birke Buche Esche Linde White Meranti
Robinie		Kiefer, Lärche, Douglasie		
	Yellow Cedar (Alaskazeder) amerikanische Weißeiche			

häufige Holzarten	Schwindmaß			Darr-dichte
	axial [%]	radial [%]	tangen-tial [%]	
heimische Nadelhölzer				
Fichte	0,2–0,4	3,6–3,7	7,9–8,5	0,43
Kiefer	0,2–0,4	3,7–4,0	7,7–8,3	0,49
europäische Lärche	0,1–0,3	3,4–3,8	7,8–8,5	0,55
Douglasie	0,1–0,3	4,8–5,0	7,6–8,0	0,48
heimische Laubhölzer				
Stiel-/Taubeneiche	0,3–0,6	4,6	10,9	0,65
Edelkastanie	0,6	Ø 3,8	Ø 6,5	Ø 0,56
Robinie	0,1	Ø 3,9	Ø 6,3	Ø 0,72

4

Beanspruchung des Bauteils	unbedenkliche Risstiefe	unbedenkliche Risslänge
Biegung	< 0,7 × Bauteilhöhe < 0,6–0,7 × Bauteilbreite	1/3 der Bauteillänge
Schub	< 0,7 × Bauteilhöhe < 0,45–0,65 × Bauteilbreite	1/3 der Bauteillänge
Knicken	< 0,5 × Bauteilbreite	1/3 der Bauteillänge

5

4 Schwindmaß und Darrdichte einiger Holzarten
5 Beurteilungskriterien für Rissbildungen im Holz
6 Montage einer Brücke aus Brettschichtholz-trägern, Fußgänger- und Radwegbrücke, Steyrermühl (A) 2008, Halm Kaschnig Architekten; Kurt Pock
7 Holztragwerk, Tomasjordnesbrücke, Tromsø (N) 2006, Sweco Norge AS
8 Kombination von Naturstein (Mast) und Stahl (Seile), Fußgängerbrücke über den Hessenring, Bad Homburg (D) 2002, schlaich bergermann und partner
9 römische Steinbogenbrücke Pont Julien, bei Bonnieux (F), 3 v. Chr.
10 Stahlbetonbrücke, La-Ferté-Steg, Stuttgart (D) 2001, asp Architekten; Peter und Lochner

6

7

8

Bogen- und Fachwerkelementen einge-setzt werden (Abb. 6 und 7). Bei größeren Spannweiten wird Holz durch materialge-rechte Verwendung in Kombination mit anderen Werkstoffen zu einem interes-santen Werkstoff. Bei hochbeanspruchten Holzbauteilen spielt die Fügetechnik eine entscheidende Rolle. Die Zugfestigkeit von Holz ist doppelt so hoch wie seine Druckfestigkeit. Allerdings sind Zugstöße sehr aufwendig, da die Kräfte nicht durch Kontakt wie beim wesentlich einfacheren Druckstoß, sondern durch Ausleiten und Wiedereinleiten über Stahleinbauteile übertragen werden müssen (Abb. 6).

Die Dauerhaftigkeit des Materials ist auch bei Fußgängerbrücken wichtig, da sie oft frei bewittert werden und so wechselnder Feuchtigkeit ausgesetzt sind. Schädi-gungen durch Witterung, Insekten und Pilze können das Holz nicht nur unan-sehnlich machen, sondern auch seine Tragfähigkeit erheblich mindern. Deshalb kommt dem Holzschutz bei diesen Kon-struktionen eine große Bedeutung zu.

Im Wesentlichen wird zwischen natür-lichem, baulichem und chemischem Holz-schutz unterschieden. Die gewählte Holz-art bringt unter Umständen bereits einen natürlichen Holzschutz mit (Abb. 3, S. 27). Baulicher bzw. konstruktiver Holzschutz bedeutet einen dauerhaften Schutz des Materials durch konstruktive Maßnahmen wie Überdachungen (nach DIN 68 800-2) und kann vorbeugenden chemischen Holzschutz entbehrlich machen. Dies sollte generell bereits beim Entwurf bedacht werden, auch wenn später wei-tere Schutzmaßnahmen zum Einsatz kommen.

Holzschutzmittel sollen einen Befall durch holzzerstörende oder holzverfärbende Organismen verhindern oder bekämpfen. Die dafür eingesetzten Holzschutzmittel sind Biozidprodukte, die auf chemischem oder biologischem Weg Schadorganis-men zerstören oder bekämpfen.

Mit Holz steht einer der ökologischsten Baustoffe überhaupt zur Verfügung, ein nachwachsender Werkstoff mit ver-gleichsweise geringem Energiebedarf bei der Verarbeitung, der zudem vollstän-dig recycelbar ist. Deshalb sollte nach Möglichkeit auf einen chemischen Holz-schutz verzichtet werden, da er das Holz zum Sondermüll macht und das Material dadurch seine vorteilhafte Nach-haltigkeit verliert.

Bei Feuchteänderungen schwindet bzw. quillt Holz. Das maximale Schwindmaß beträgt bei mitteleuropäischen Nutzholz-arten im Mittel axial 0,3 %, radial 4 % und tangential 8 % (Abb. 4). Der große tan-gentiale Wert erklärt die starke radiale Rissbildung (Schwindrisse). Werden die unbedenklichen Risstiefen (Abb. 5) über-schritten, muss eine Beurteilung durch einen Fachmann erfolgen, um die Trag-fähigkeit zu gewährleisten.

Stein

Das Konstruieren mit Naturstein war früher eine hohe Handwerkskunst, als Beispiel dafür dienen bis heute u. a. die gotischen Kathedralen. Lange Zeit war es einfacher und effizienter, vertikal in den Himmel zu bauen als in horizontaler Rich-tung. Zum Archetypus des Brückenbaus wurde der Steinbogen, dessen Ursprün-ge bis in die Römerzeit zurückreichen. Dadurch waren die Römer bereits in der Lage, mit sehr flachen Bögen größte Spannweiten zu überbrücken (Abb. 9). Bei Natursteinen unterscheidet man zwi-schen Erstarrungsgestein (z. B. Granite oder Basalt) und Ablagerungsgestein (z. B. Sand- oder Kalkstein). Beide Arten finden im Brückenbau Anwendung. Die Druck-festigkeit hängt von der Schwere des Gesteins ab und kann bis zu 240 N/mm² betragen – Werte, die selbst ein ultra-hochfester Beton kaum erreicht. Weitere wichtige Kenngrößen sind die Haltbarkeit, die Fügungsart und die Bear-

9

10

beitbarkeit. Bezüglich der Haltbarkeit genügt ein Blick auf Steinbogenbrücken, die teilweise seit über 2000 Jahren allen atmosphärischen (und sonstigen) Angriffen trotzen. Stein ist ein sehr robuster Werkstoff, und der Einsatz von Schneide- und Fräsmaschinen, die mit hoher Präzision arbeiten, macht die Bearbeitung heute wesentlich einfacher und kostengünstiger. So ist es möglich, exakte Stoßflächen zu fräsen, die Voraussetzung für eine einwandfreie Kraftübertragung und hohe Tragfähigkeit. Dadurch lässt sich eine zu dicke Mörtelschicht vermeiden, denn Querdehnungen der Mörtelfuge können zu schädlichen Querzugspannungen im Stein führen. Insbesondere in Kombination mit anderen Werkstoffen ergeben sich mit Stein spannende Lösungen (Abb. 8), weshalb dem vertrauten und natürlichen Werkstoff eine Renaissance zu wünschen wäre.

Beton

Viele Beton- und Steinbrücken werden in die Kategorie »Massivbrücken« eingeordnet, dennoch unterscheiden sich die beiden Werkstoffe in ihrer Einsatzweise erheblich. Beton kann zwar im Wesentlichen nur Druck aufnehmen, aber in Verbindung mit der eingelegten Bewehrung ist er in der Lage, auch Zugspannungen abzutragen und lässt sich dadurch als Biege- oder sogar Zugelement einsetzen. Seiner freien Verformbarkeit und seinen sehr wirtschaftlichen Herstellungsmöglichkeiten hat es der Werkstoff zu verdanken, dass er vor allem im Brückenbau eine rasante Entwicklung erfahren hat, insbesondere in Verbindung mit der Technik des Vorspannens, die seit der zweiten Hälfte des 20. Jahrhunderts bei den meisten Betonbrücken zum Einsatz kommt (Abb. 10). Die Vorspannung hat zwei sehr nützliche Effekte: Ein girlandenförmiger, der Beanspruchung angepasster Spanngliedverlauf reduziert die

Biegespannungen, zudem wird der Betonquerschnitt gedrückt, was der Rissbildung entgegenwirkt. Während man früher fast ausschließlich Spannglieder verwendete, deren Spannkanal nach dem Spannen verpresst wurde, kommen mittlerweile Spannglieder ohne Verbund zum Einsatz. Sie sind besser kontrollierbar, besonders wenn sie extern angeordnet sind. Zudem lassen sie sich bei Bedarf auswechseln.
Straßen- und Eisenbahnbrücken aus Beton werden oft längs und quer vorgespannt. Bei den schmalen Fußgängerbrücken genügt dagegen zur Realisierung schlanker Balken- und Plattentragwerke eine Längsvorspannung.
Bei der Verwendung von Beton ist zu beachten, dass er ein zeit- und lastabhängiges Verformungsverhalten aufweist, das vor allem bei Brücken mit hohem Eigengewichtsanteil auffällig ist. Das Schwinden ist eine Art Austrocknungsvorgang im Beton, der nur zeitabhängig ist und nach einigen Jahren ein Endschwindmaß von ca. 0,2 mm/m erreicht. Das Kriechen hingegen ist last- und zeitabhängig. Ein einfacher Biegebalken aus Stahlbeton unterliegt neben seiner Eigengewichts- noch einer zusätzlichen Kriechverformung, die das Drei- bis Vierfache der elastischen Verformung beträgt. Gelingt es, durch Vorspannung die Eigengewichtsspannungen zu neutralisieren, beschränkt sich der Kriechvorgang auf reines Normalkraftkriechen, d. h. eine rein axiale Verkürzung des Überbaus und damit auch der Spannglieder. Der damit verbundene Spannkraftverlust liegt bei 5–10 %. Dies muss in der statischen Berechnung und bei der Auslegung der Spannglieder berücksichtigt werden, um sicherzustellen, dass das Tragwerk über seine gesamte Lebensdauer funktioniert. Die Betontechnologie ist mittlerweile so weit fortgeschritten, dass sich heute sehr hohe Druckfestigkeiten erzielen lassen.

Auch Textilbeton, ein Feinkornbeton mit eingelegter textiler Glasfaserbewehrung, verspricht nicht nur nachhaltige und robuste Konstruktionen, sondern ermöglicht zudem eine filigrane Bauweise, da sich die Betonüberdeckungen der Bewehrung nur an Fragen der Verbundtechnik und nicht des Korrosionsschutzes orientieren müssen.
Bei Sichtbetonflächen sollten genaue Vorgaben zur Schalhautstruktur, Oberflächenbeschaffenheit und Farbgebung gemacht werden. Durch Modifikationen des Zements oder Beimischung von Pigmenten ist es möglich, die Farbgebung des Betons zu beeinflussen.
Die im Beton eingelegten Bewehrungsstäbe oder -matten bestehen aus duktilem, also plastisch verformbarem Stahl, die Streckgrenze liegt bei 500 N/mm^2. Sie sind gut schweißbar und aufgerollte oder aufgewalzte Rippen sorgen für den Verbund mit dem Beton. Bei den Spannstählen handelt es sich um unlegierte Stähle, die durch Kaltziehen eine dreimal so hohe Festigkeit erreichen, wie sie üblicher Bewehrungsstahl besitzt. Die anschließende Wärmebehandlung sorgt für ein geringeres Kriechen des Stahls, auch Relaxation genannt. Die Schäden an vielen Brückenbauwerken zeigen, dass insbesondere der Betonüberdeckung der Bewehrungs- und Spannstähle große Beachtung beizumessen ist, da sie einen ausreichenden Bewehrungsschutz gewährleisten muss. Entsprechende, genau festgelegte Werte dafür finden sich in DIN EN 1992-1-1.

Stahl

Die für das Bauwesen und insbesondere für den Fußgängerbrückenbau interessanten Stahlarten sind Konstruktions-, Seil- und Gussstahl.
Konstruktionsstahl ist in der Regel ein unlegierter Stahl mit durchschnittlichen Eigenschaften: Seine Fließgrenze liegt bei

11

12

180–360 N/mm², d.h. 1 cm² kann etwa 1,8–3,6 t Last aufnehmen, bevor er anfängt zu fließen, es also zu sehr großen Verformungen bei nur kleinen Laststeigerungen kommt (Abb. 12). Bei Feinkornbaustählen sowie hochfesten und vergüteten Baustählen kann sich die Fließgrenze auf mehr als das Doppelte der genannten Werte erhöhen. Diese Stähle finden in allen Bereichen in Form von Voll-, Strangpress- oder Walzprofilen Verwendung. Das Angebot an verfügbaren Profilen ist sehr vielfältig und reicht von offenen und geschlossenen über scharfkantige, runde und gedrungene Profile bis hin zu flächigen Elementen für Spundwände oder Platten. Die gute Schweißbarkeit ermöglicht die Herstellung beliebiger Querschnitte durch Kombination einzelner Blechelemente. Konstruktionsstahl wird bei Fußgängerbrücken als Trägersystem oder als zusammengeschweißte Hohlkästen für den Überbau, in Form von Hohlquerschnitten für Stützen, Pylone oder Masten sowie als Vollstäbe für Zugelemente eingesetzt (Abb. 11). Der Verbundbau kombiniert auf effiziente Weise die Vorzüge von Beton und Stahl. Dabei kommt Stahl dort zum Einsatz, wo Zugkräfte herrschen, während die Betonplatte, die gleichzeitig eine robuste Geh- oder Fahrplatte darstellt, im Druckbereich des Querschnitts angeordnet wird. Aufgeschweißte Dübel stellen den schubfesten Verbund her. Mit dieser Bauweise lassen sich sehr schlanke und wirtschaftliche Konstruktionen realisieren. Durch die Vormontage der Stahlträger, die als Tragstrukturen für die Schalung oder aufgelegte Halb- oder Vollfertigteile zum Einsatz kommen, lassen sich Montagezeit und -kosten einsparen. Bei Verbundquerschnitten ist zu berücksichtigen, dass sich der Beton im Laufe der Zeit durch Kriechen seiner Last entziehen möchte und der Stahlquerschnitt damit höhere Beanspruchungen

kompensieren muss. Deshalb sind bei der Bemessung der Ausgangszustand ohne Kriecheinflüsse sowie der Endzustand nach abgeschlossenem Kriechen zu betrachten.
Nicht rostende Stähle (Edelstähle) haben einen höheren Reinheitsgrad. Ihre Festigkeiten, ihre Schweißbarkeit und die zur Verfügung stehenden Erzeugnisse entsprechen grundsätzlich denen von unlegiertem Stahl. Allerdings bietet Edelstahl nicht die gleiche Profilvielfalt und ist vom Material und von der Verarbeitung her wesentlich kostenintensiver. Er wird deshalb vorwiegend für sekundäre Bauteile wie Geländer oder Schutznetze verwendet, die einer hohen mechanischen Beanspruchung ausgesetzt oder nur schwer zugänglich sind.
Beim Seilstahl werden Drähte eingesetzt, die durch Kaltziehen eine drei- bis vierfache Steigerung der Festigkeit erreichen. Dies bedeutet eine erhebliche Reduzierung der Querschnittsfläche, aber auch einen deutlichen Verlust von axialer Steifigkeit, was insgesamt zu wesentlich größeren Verformungen im Tragwerk führt. Form und Geometrie der Drähte bestimmen die Eigenschaften des Seils. Im Brückenbau werden nur stehende Seile verwendet, die fester Bestandteil einer Konstruktion sind und sich nicht bewegen. Bei Fußgängerbrücken kommen im Wesentlichen zwei Typen zum Einsatz: vollverschlossene und offene Spiralseile. Beide Seiltypen bestehen aus vielen dünnen Runddrähten (Ø bis 4 mm) oder Profildrähten (Ø bis 8 mm), die lagenweise aufgebaut und gegensinnig geschlagen werden, um ein Aufdrehen bei Zugbeanspruchung zu verhindern. Während sich die offenen Spiralseile ausschließlich aus runden Drähten zusammensetzen, haben die vollverschlossenen Seile außen mehrere Lagen an Z-Drähten (Abb. 13). Durch den Formschluss dieser Drähte entsteht eine

geschlossene Oberfläche, sodass die Drähte bei Umlenkungen flächig und nicht wie die Runddrähte punktuell aneinander gepresst werden, was ihre Tragfähigkeit und Dauerhaftigkeit verbessert. Vollverschlossene Seile werden oft als Tragseile von Hängebrücken eingesetzt. Sie haben eine glatte Oberfläche, lassen sich gut klemmen sowie umlenken und es sind kompakte Endverankerungen möglich (siehe Entwurf und Konstruktion, S. 48ff.). Eine Galfanverzinkung der Drähte bietet einen hochwertigen Korrosionsschutz und macht einen weiteren Anstrich überflüssig.
Vollverschlossene Seile sind erst ab einem Durchmesser von 30 mm erhältlich, offene Spiralseile schon ab 6 mm. Bei Fußgängerbrücken eignen sich offene Spiralseile hauptsächlich für die weniger belasteten Hängerelemente, die das Brückendeck von einem Tragseil oder einem Bogen abhängen (Abb. 14). Die aufgepressten Endverankerungen ermöglichen verschiedene Arten der Befestigung sowie – sofern erforderlich – die Justierung der Längen mit Gewindeelementen.
Seilstahl lässt sich wie normaler Stahl auch durch Zugabe von Legierungselementen wie Chrom, Nickel, Molybdän und Titan zu nicht rostendem Stahl veredeln – eine besonders für die Hängerseile von Fußgängerbrücken oft gewählte Variante, da die Seile dadurch eine gleichmäßige Oberfläche erhalten und feiner wirken. Zudem sind sie unempfindlicher und resistenter gegenüber Korrosion oder mechanischen Angriffen.
Konstruktions- und Seilstähle werden durch Walz-, Press- und Ziehvorgänge in ihre endgültige Form gebracht. Gussstahl dagegen kombiniert die vorteilhaften Eigenschaften des Werkstoffs Stahl mit den gestalterischen Vorteilen der gießtechnischen Formgebung. Festigkeit, Zähigkeit und auch die Verarbeitbarkeit

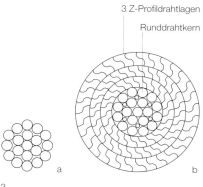

3 Z-Profildrahtlagen

Runddrahtkern

a   b

13

14

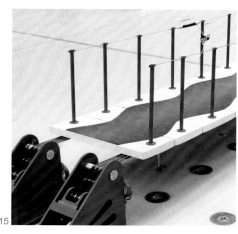

15

(Schweißeignung) von Gussstahl ist werkstofftechnisch mittlerweile so weit entwickelt, dass er mit dem Konstruktionsstahl direkt vergleichbar ist. Die Modellerstellung, meist aus Holz oder Styropor, und das Vergießen erfordern spezielles Know-how, um eine homogene, lunkerfreie Qualität zu erhalten. Bei Fußgängerbrücken eignet sich der Stahlguss nicht nur für die Seilbeschläge, mit ihm lassen sich auch geometrisch komplizierte Knotenpunkte einfach lösen. Zudem bietet er die Möglichkeit, mit dem Materialeinsatz gezielt auf die Art und Größe der Beanspruchung zu reagieren (Abb. 16).

Aluminium

Mit dem Leichtmetall Aluminium steht dem Bauwesen ein weicher, aber gleichzeitig zäher Werkstoff zur Verfügung. Seine Festigkeiten erzielen ähnliche Werte wie Stahl (bis zu 700 N/mm^2), allerdings mit nur einem Drittel an Steifigkeit (E = 70000 N/mm^2). Die Vorteile von Aluminium liegen in der guten Materialeffizienz, Beständigkeit und Wartungsfreiheit. Aluminium hat eine dreimal größere Reißlänge als Konstruktionsstahl, ein Indiz für seine Leistungsfähigkeit bei niedrigem Gewicht. Nachteilig sind der hohe Materialpreis, die geringere Ermüdungsfestigkeit und eine schwierige Fügetechnik. Zudem ist für die Herstellung von Aluminium ein hoher Energieeinsatz notwendig, was sich nachteilig auf die ökologische Bilanz auswirkt. Für mechanisch hochbeanspruchte Bauteile, z. B. Beläge für Fußgängerbrücken, bei denen es um minimalen Material- und Gewichtseinsatz geht, ist Aluminium eine erwägenswerte Alternative. Auch in Primärtragwerken werden Aluminiumprofile bei standardisierten Fachwerkkonstruktionen eingesetzt. Die Systembauweise macht sie sehr wirtschaftlich, lässt aber wenig Spielraum für individuelle und gestalterisch ansprechende Lösungen.

Glas

Glas wird bei Fußgängerbrücken für Beläge und Brüstungen eingesetzt. Es besitzt eine sehr hohe Druckfestigkeit (bis 1000 N/mm^2), im Vergleich dazu aber mit 30 N/mm^2 eine geringe Zugfestigkeit bei einer Steifigkeit von 70000 N/mm^2 und einem spezifischen Gewicht von 25 kN/m^3. Durch die reduzierte Zugfestigkeit hat Glas nur eine begrenzte Biegetragfähigkeit, dadurch ist der Einsatz als Balkenelement auf kleine Spannweiten bis 5 m beschränkt. Bei größeren Spannweiten wird das Glas entweder in einer rein druckbelasteten Konstruktion (Bogen) oder in Kombination mit Stahl verwendet (Abb. 17).

CFK/GFK

Als Werkstoff tritt Glas auch bei glasfaserverstärkten Kunststoffen (GFK) oder bei Textilbeton in Form von Glasfasereinlagen auf. Fasern besitzen eine weit höhere Zugfestigkeit als der Werkstoff selbst, da eine kleine Fläche statistisch gesehen weniger Fehlstellen aufweist als eine große Querschnittsfläche. Dieser sogenannte Größeneinfluss bewirkt eine enorme Erhöhung der Zugfestigkeit von Glasfasern bis auf 2400 N/mm^2. Sie empfehlen sich daher für den Einsatz als

Verbundwerkstoff. Analog hierzu gibt es auch carbonfaserverstärkten Kunststoff (CFK), sein Einsatz im Fußgängerbrückenbau ist allerdings noch recht selten. GFK und CFK erreichen ähnliche Festigkeiten, CFK ist jedoch wesentlich steifer als GFK. Es gibt bereits einige Ansätze, diesen neuen Werkstoff bei der Konstruktion von Fußgängerbrücken zu etablieren, aber auch viele offene Fragen hinsichtlich der Fügung und des dynamischen Verhaltens. Insbesondere für die Verwendung für Hängebrücken und in Zugbändern von Spannbandbrücken weist CFK ein hohes Potenzial auf; einige Universitäten forschen intensiv auf diesem Gebiet (Abb. 15).

11 Fußgängerbrücke aus Stahl, Hotton (B) 2002, Ney + Partners
12 Spannungs-Dehnungs-Diagramm verschiedener Stahlarten
13 Aufbau von Stahlseilen
    a offen; b vollverschlossen
14 Hängerelemente aus Seilstahl, Seebrücke, Sassnitz (D) 2007, schlaich bergermann und partner
15 Spannbandbrücke mit Spannbändern aus Kohlenstofffasern, TU Berlin 2011
16 Verbindungspunkte aus Gussstahl, Steg Ökologischer Gehölzgarten, Oberhausen-Ripshorst (D) 1997, Diekmann und Lohaus; schlaich bergermann und partner
17 Glasbrücke in einem Forschungszentrum, Lissabon (P) 2012, Charles Correa Associates; schlaich bergermann und partner

16

17

Entwurf und Konstruktion

Entwurf

Brücken zu entwerfen, ist eine vielschichtige Aufgabe, die neben konstruktiver Erfahrung und technischem Verständnis auch Kreativität und Mut zur Innovation erfordert.

Der Entwurfsprozess gliedert sich in drei wesentliche Phasen:
- Sondieren und Klären der Aufgabenstellung
- Entwurfsfindung
- Ausarbeitung des Entwurfs

Sondieren und Klären der Aufgabenstellung

Im Entwurfsprozesses geht es in erster Linie darum, die Rahmenbedingungen, die von der Topografie über die Art der Nutzung bis zu den technischen Vorgaben reichen, zu klären.

Topografie und Wegenetz

Dem Entwurf muss eine gründliche und sensible Auseinandersetzung mit dem Standort vorausgehen. So kann an der einen Stelle eine Hängebrücke als transparente und leichte Konstruktion die richtige Lösung sein, während anderswo ein Bogen prägnanter ist und für visuelle Präsenz sorgt.

Die Linienführung der Brücke sollte sich am bestehenden Wegenetz orientieren. Wichtig ist auch die Einbeziehung der Topografie des Geländes in den Grundrissverlauf der Brücke, denn dies kann dazu beitragen, auf unnötig lange Rampen zu verzichten und aufwendige Geländemodellierungen zumindest auf das Nötigste zu reduzieren. Dabei sind flüssige Verläufe ohne abrupte Richtungs- oder Gefälleänderungen anzustreben, auch wenn rein geometrisch eine Gerade die kürzeste und konstruktiv günstigste Verbindung zweier Punkte darstellt. Sichtbeziehungen haben insbesondere bei Fußgängerbrücken im innerstädtischen Bereich eine große Bedeutung. Sie bieten Ausblicke auf die Stadt und können

gleichzeitig zur Identitätsstiftung eines Quartiers beitragen.

Nutzung und Kapazität

Die Frage nach der richtigen Brückenbreite muss differenziert und sensibel beleuchtet bzw. beantwortet werden, denn sie geht einher mit der Frage nach der Art der Nutzung und der notwendigen Kapazität. So muss eine Brücke, die für den reibungslosen, panikfreien Abfluss von Menschen bei großen Veranstaltungen sorgt, anders bemessen werden als eine Talbrücke, die von einzelnen Wanderern überquert wird (siehe Funktionale Anforderungen, S. 9f.).

Die gängigen Normen unterscheiden erstaunlicherweise nicht zwischen unterschiedlichen Belastungen von Fußgängerbrücken. Sie geben allerdings auch nicht vor, welche Steifigkeit eine Konstruktion haben muss und welche Verformungen erlaubt sind. Folgt man nur den normativen Vorgaben, so sind weiche und damit gegenüber dynamischen Anregungen anfälligere Fußgängerbrücken genauso zulässig, wie sehr steife und fast starre Konstruktionen (siehe Statik und Dynamik, S. 23). Für den Entwurf erwächst daraus ein großer Spielraum, um für die jeweilige individuelle Situation eine angemessene und gut funktionierende Lösung zu finden.

Art der Nutzung und Lichträume

Je nachdem, ob eine Brücke nur für Fußgänger oder auch für Radfahrer und Dienstfahrzeuge zugänglich ist, muss diese eine entsprechende Breite haben. Das Lichtraumprofil auf der Brücke beträgt 2,50 m. Es bestimmt bei oben liegenden Tragwerken wie z. B. bei Hängebrücken die Lage der Bauteile über der Nutzfläche. Somit ergeben sich aus der Art der Nutzung schon erste Ideen für mögliche Stützenstellungen, geeignete Spannweiten, Rampenlängen, Schutz-

maßnahmen und Anprallgefährdungen (siehe Funktionale Anforderungen, S. 11f.).

Technische Randbedingungen

Der Baugrund kann bei der Wahl des Tragwerks entscheidend sein. Schlechte Baugrundverhältnisse können dazu führen, dass aus wirtschaftlichen Gründen die Anzahl der Fundamente minimiert und dafür eher größere Spannweiten in Kauf genommen werden müssen. Umgekehrt können gute Baugrundeigenschaften bestimmte Konstruktionsprinzipien begünstigen, wenn es z. B. problemlos möglich ist, Zugkräfte zu verankern und damit Hängekonstruktionen mit größeren Spannweiten konkurrenzfähig zu machen. Wenn auch das Montageverfahren am Anfang einer Entwurfsaufgabe weniger im Fokus steht, so kann es durchaus über den Entwurf oder zumindest über Details entscheiden. Natürlich steht beim Großbrückenbau diese Frage mehr im Vordergrund als beim Bau von Fußgängerbrücken, dennoch zeichnet sich auch hier ein guter Entwurf dadurch aus, dass er mit einem vertretbaren Aufwand umsetzbar ist.

Entwurfsfindung

Fußgängerbrücken sollen nicht durch ihre Größe oder Beschaffenheit auffallen, sondern durch ihre Feinheit und Angemessenheit. Sie können und sollen der jeweiligen Entwurfsaufgabe angepasst innovative Akzente setzen, müssen dies aber sinnfällig und in einem dem Ort und der Nutzung angemessenen Maßstab tun. Bei Großbrücken wird der Spielraum oft durch das Primat der Funktionstüchtigkeit und der Wirtschaftlichkeit vorgegeben. Bei Fußgängerbrücken hingegen haben die Planer viel mehr Spielraum, da diese Art von Brücken bei Weitem nicht so restriktiven Anforderungen wie Straßen- oder Eisenbahnbrücken unterliegen. Oft sollen Fußgängerbrücken ein Zeichen

33

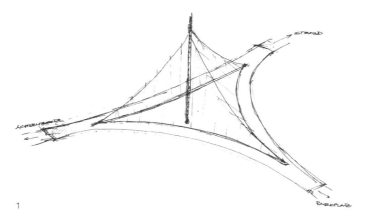

1

setzen, Identität stiften und urbane Situationen aufwerten. Dafür ist man zumeist auch bereit, mehr zu investieren. Fußgängerbrücken sind dem Langsamverkehr ausgesetzt. Es gibt keine Distanz zur Konstruktion, direktes Berühren ist möglich, man spürt, hört und sieht Erschütterungen und Bewegungen in einem ganz anderen Maße als bei den Großbrücken, wo das Auto oder der Zug den Menschen von der Brücke abkoppelt. Damit treten Nutzer und Brückenkonstruktion in einen aktiven Dialog ein, was bei Straßen- und Eisenbahnbrücken nicht der Fall ist. Deshalb muss auf die Maßstäblichkeit und Proportion von Konstruktion und Detail großer Wert gelegt werden.

Ausarbeitung des Entwurfs
Zu einem ansprechenden Bauwerk gehört eine sorgfältige Planung der Ausführungsdetails. Es gibt viele Beispiele, bei denen ein guter Vorentwurf zu einem nur durchschnittlichen Ergebnis geführt hat, weil die Planung nicht konsequent bis zu Ende geführt wurde. Manchmal liegt das daran, dass die Ausführungsplanung Firmen übertragen wird, die zum einen oft wenig Sensibilität mitbringen und zum anderen auch konkrete wirtschaftliche Interessen verfolgen. Dann

ist es für die Planer aufwendig und mühsam, die Ausführung zu überwachen und gegebenenfalls zu korrigieren. Deshalb sollte bei komplexen Konstruktionen durch eine entsprechende Beauftragung dafür gesorgt werden, dass den Firmen ein Planungsstand zur Verfügung steht, der alle Details umfassend beschreibt und festlegt. Das hilft Ausführenden, eine sichere Kostenkalkulation durchzuführen, und es garantiert dem Bauherrn, dass der Entwurf auch im Detail so umgesetzt wird, wie Ingenieure und Architekten es vorgesehen haben.
Umgekehrt setzt dies aber auch voraus, dass vom Planer fertigungs- und montagerelevante Aspekte einbezogen werden, unter anderem um das Risiko höherer Kosten und langer Auseinandersetzungen über die Machbarkeit der Konstruktion zu reduzieren. Allzu oft wird dies von den ausführenden Firmen infrage gestellt, um eigene Vorstellungen einfließen zu lassen.

Der Formenkanon von Fußgängerbrücken reicht vom biegebeanspruchten Balken über Fachwerkträger bis hin zu den gänzlich in Druck- und Zugelemente aufgelösten Konstruktionen wie Seil- und Bogenbrücken. Die Vielfalt ist beeindruckend, und es wäre vermessen, eine umfassende

und ganzheitliche Behandlung aller Konstruktionstypen und deren Kombinationen zu wagen. Deshalb beschränken sich nachfolgende Erläuterungen der Konstruktionsformen auf die wesentlichen Entwurfsparameter und deren Umsetzungsmöglichkeiten. Die gezeigten repräsentativen Beispiele stellen wichtige Brückenarten dar.
Die Vorstellung der verschiedenen Brückentypen beginnt mit den Bogenbrücken und führt über die Balken- und Fachwerkbrücken hin zu seilverspannten Konstruktionen sowie gekrümmten Fußgängerbrücken.

Begriffsdefinitionen
Eine Brücke besteht in der Regel aus dem Brückenbalken, auch Überbau genannt, und den sogenannten Unterbauten. Die Unterbauten nehmen die Lasten aus dem Überbau auf und geben diese an den Baugrund weiter. Zu den Unterbauten zählen die Widerlager, die die Endpunkte der Brücke markieren und den Übergang in das Gelände herstellen, und eventuelle Mittelunterstützungen wie Pfeiler oder Stützen. Die Brückenlager sind die Kontaktpunkte zwischen Überbau und Unterbauten. Sie sorgen dafür, dass der Überbau möglichst zwängungsfrei gelagert wird und keine zu großen Kräfte auf Über- und Unterbau wirken. Bei den Hängebrücken kommen noch Seilelemente wie Trag-, Hänger- oder Schrägseile hinzu, mit denen der Überbau von den Pylonen oder Masten abgehängt wird. Bei Bogenbrücken spricht man bei den Auflagerpunkten von Kämpfern, die die Lasten in den Baugrund einleiten.
Alle Unterbauten, Maste, Pylone oder Kämpferelemente werden auf Fundamente gesetzt, die entsprechend der vorherrschenden Baugrundverhältnisse flach mit Fundamentplatten oder tief mit Pfählen oder Ankern gegründet werden.

2

3

1 Entwurfsskizze für eine Fußgängerbrücke auf Usedom (D) 2004, schlaich bergermann und partner
2 Wettbewerbsmodell für eine Fußgängerbrücke auf
  Usedom
3 Bogenbrücke Ponte dei Salti, Lavertezzo (CH),
  17. Jahrhundert
4 ideale (a) und nicht ideale (b) Stützlinie einer
  Bogenbrücke unter Normalspannung und Biegespannung
  P Last [kN]

Bogenbrücken

Historie

Der Bogen gehört zu den ältesten Tragwerksformen im Brückenbau. Am Beginn
vor mehr als 2000 Jahren standen massive Steinbrücken, die die Jahrhunderte
überdauert haben und noch heute Zeichen setzen. Ab dem 18. Jahrhundert hat
sich ihre Gestalt durch neue Materialien
wie Beton und Stahl rasant weiterentwickelt.
Einige imposante Beispiele wie der Pons
Fabricius (62 v. Chr.) in Rom zeugen nicht
nur von der Robustheit dieser Konstruktionen, sondern auch von den großen
Fachkenntnissen der antiken Baumeister.
Im Mittelalter erlebten die Bogenbrücken
eine regelrechte Blütezeit. In ganz Mittel-
europa wurden Steinbogenbrücken wie
die Karlsbrücke in Prag, die Steinerne
Brücke in Regensburg oder die Augus-
tusbrücke in Dresden zur Erleichterung
des Handels gebaut. Auch kleinere Brücken, z. B. der Ponte dei Salti in Laver-
tezzo/Schweiz aus dem 17. Jahrhundert
(Abb. 3), zeigen, wie sich Steinbrücken
immer weiterentwickelten und ihr kon-
struktives Potenzial immer mehr ausge-
schöpft wurde.
Der filigrane Pont des Arts in Paris von
Louis Alexandre de Cessart (1804) mar-

kiert nicht nur den Anfang des Einsatzes
von Eisen bei den Bogenbrücken, sondern ist auch ein Meisterwerk der Ingeni-
eurkunst. Die Weiterentwicklung des
Eisens zu zähem hochfesten Stahl ermög-
lichte immer größere Spannweiten und
ein geringeres Stichmaß der Bögen. So
können heute im Fußgängerbrückenbau
Spannweiten von mehr als 200 m bewäl-
tigt werden, die längsten Bogenbrücken
für den Straßenverkehr erreichen bereits
Spannweiten von über 500 m.

Funktion

Es gibt unterschiedliche Bogenformen,
die sich einerseits durch ihre Geometrie,
andererseits durch die Lagerbedin-
gungen unterscheiden. Die Geometrien
der Bogenbrücken reichen von Rund-
und Spitzbögen über Korbbögen bis zu
Segmentbögen. Bei den Lagerbedin-
gungen unterscheidet man zwischen
einem eingespannten Bogen und einem
Zwei- oder Dreigelenkbogen. Unabhängig davon ist beim Entwurf von Bogenbrücken wichtig, dass die Geometrie des
Tragwerks der Stützlinie folgt, d. h. die
Resultierende aller am Tragwerk angrei-
fenden Kräfte sollte der Schwerpunktlinie
des Bogens folgen. Einfach veranschau-
licht handelt es sich bei dieser Stützlinie

um die Linie eines »stehenden« Seils
bei gleicher Belastung. Während das
biegeweiche Seil diese eindeutige Form
aufnehmen muss, ist es beim Bogentrag-
werk etwas anders. Bögen, die aus Stabi-
litätsgründen immer auch biegesteif sein
müssen, sind in der Lage, auch anderen
Bogenformen zu folgen. Die Positionen
der Kämpferpunkte und die Höhe des
Bogens sind Parameter, die dem Entwurf
angepasst werden können, ohne die
beschriebenen Rahmenmaßgaben zu
verletzen. Wie bei einem Seil gehört aber
auch beim Bogen die ideale Stützlinie
unabdingbar zu einer wirtschaftlichen
und effizienten Tragstruktur, sie kann also
nicht frei gewählt werden. Finden diese
Bedingungen keine Beachtung, treten im
Bogen neben den Normalspannungen
auch Biegespannungen auf, die schnell
ein Vielfaches der axialen Beanspruchung ausmachen und zu viel größeren
Dimensionen sowie zu einem wesentlich
höheren Materialverbrauch führen können
(Abb. 4).
Bei einer Auslenkung entwickelt ein zug-
beanspruchtes Seil eine sich selbst stabi-
lisierende Kraft und versucht, sich in
seine Ausgangslage zurückzubewegen.
Bei einem druckbeanspruchten Stabzug
bzw. Bogen ist es genau umgekehrt.
Die durch eine Auslenkung entstehende
Kraft wirkt destabilisierend, verformt den
Bogen zusätzlich und erhöht die Beanspruchung. Im schlimmsten Fall kann
dies dazu führen, dass die Kraft immer
weiter anwächst und es zu einem Sta-
bilitätsversagen kommt. Die Baustatik
bezeichnet diese Reaktionen auch als
Effekte nach der Theorie II. Ordnung.
Diese ist immer dann anzuwenden, wenn
sich am verformten System wesentlich
andere Beanspruchungen als am Aus-
gangssystem einstellen. Begegnen kann
man diesem Verhalten durch die Erhöhung der Biegesteifigkeit oder die Einführung von seitlichen Halterungen.

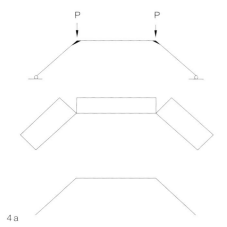

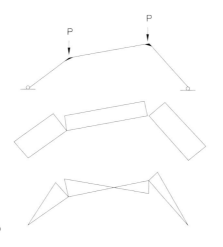

4 a   b

5   Tragsystem einer echten und einer unechten
    Bogenbrücke
    P   Last [kN]
    Z   Zug [kN]
    D   Druck [kN]
    V   Auflagerkraft [kN]
6   echte Bogenbrücke: Die Kräfte werden aus dem
    Bogen direkt in die Kämpfer eingeleitet. Passerelle
    Lyon Confluence, Lyon (F) 2004, RFR Ingenieure
7   unechte Bogenbrücke: Die Fahrbahn fungiert als
    Zugband und die Kräfte werden kurzgeschlossen.
    Dreiländerbrücke, Weil am Rhein (D) 2007,
    Dietmar Feichtinger Architectes; Wolfgang Strobl
8   Bogenverformung Δf in Abhängigkeit vom Stich-
    maß f/l bei konstanter Horizontalverschiebung Δl
    am Beispiel eines 100 m weit gespannten Bogens
9   unterspannte Bogenbrücke mit vorgespannten
    Zugband zur Stabilisierung des Bogens. Fußgän-
    gersteg über den Allmandring, Stuttgart (D) 1994,
    Kaag + Schwarz; Gustl Lachenmann

Echte und unechte Bogenbrücken

Im Brückenbau wird zwischen echten und unechten Bogenbrücken unterschieden (Abb. 5). Echte Bogenbrücken sind unter Belastung durch Druckkräfte beansprucht, es treten keine Zugspannungen auf. Die Fahrbahn- bzw. Gehwegplatte übernimmt bei diesem Brückentyp die aussteifende Funktion und stabilisiert den Bogen bei asymmetrischen Lasten. Sie kann mittels Stäben und Hängern aufgeständert oder abgehängt sein. Die Stäbe bzw. Hänger sollten sehr schlank ausgebildet werden, damit sie keine großen Biegemomente erhalten. Für den Bogen eignen sich gedrungene Querschnitte mit großer Querschnittsfläche und geringer Biegesteifigkeit. Bei echten Bogenbrücken werden die Schubkräfte des Bogens über die Kämpfer in den Baugrund eingeleitet, der entsprechend tragfähig sein sollte (Abb. 6).

Bei den unechten Bogenbrücken, auch Stabbogenbrücken oder »Langer'scher Balken« genannt, werden die Horizontalkomponenten der Bogenkräfte über ein Zugband kurzgeschlossen (Abb. 7). Die Stabbogenbrücken bestehen aus einem unten liegenden Balken, der meist die Fahrbahn- oder Gehwegplatte aufnimmt, und einem darüberliegenden schlanken Bogen, an dem der Balken mit Stäben abgehängt ist. Der Balken wirkt als Zugband und verhindert ein Auseinanderschieben der Bogenenden. Unechte Bogenbrücken können auch auf weniger tragfähigem Untergrund gebaut werden, da keine Horizontalkräfte abzuleiten sind.

Ein weiterer Vorteil dieses Bogentyps besteht darin, dass er vollständig vorgefertigt werden kann und der Bogen mit dem Überbau zusammen ein in sich stabiles und funktionierendes Tragwerk bildet. Damit ist eine effiziente Montage mittels Einschwimmen, Einheben oder Einschieben des gesamten Bauwerks möglich. Der Überbau übernimmt dabei die Aussteifung des Systems und benötigt hierfür eine entsprechende Biegesteifigkeit bei angemessener Bauhöhe. Eine besondere Bauweise solcher Bogenbrücken stellen die Netzwerkbogenbrücken dar. Die Anordnung von diagonalen Hängern führt zu einer Versteifung des Systems durch Zusammenwirken von Bogen und Überbau als Ober- und Untergurt eines Fachwerksystems. Problematisch bei diesem Brückentyp ist die Ermüdung der Hänger: Sie werden stark belastet, da sie sich nicht nur an der Übertragung der Lasten in den Bogen,

sondern auch an der Lastabtragung in Längsrichtung beteiligen, indem sie als Diagonalen eines Fachwerksystems wirken und damit großen Wechsellasten oder Schwelllasten ausgesetzt sind.

Querschnitte

Bei der Wahl des Bogenquerschnitts spielt – wie immer bei druckbelasteten Bauteilen – die Steifigkeit eine wesentliche Rolle. Während ein Ausknicken in Bogenebene durch die Hänger und den Überbau verhindert wird, braucht der Bogen in Querrichtung eine ausreichende Stabilisierung. Liegt die Drehachse des Bogens oberhalb des Hängerangriffspunkts (analog zu einem abgespannten Mast), können die Hänger diese übernehmen, indem sie bei einer Auslenkung den Bogen in seine Ausgangslage zurückziehen. Diese Maßnahme reicht jedoch selten aus, um den Bogen vollständig auszusteifen. Für den Fall, dass zwei Bögen geplant sind, können diese einander zugeneigt oder im Scheitel verbunden werden, was zu einer Verbesserung der Querbiegesteifigkeit führt, da sich die beiden Bögen gegenseitig stabilisieren. Wirksam ist dies allerdings nur dann, wenn die Verbindungen zwischen den Bögen schubsteif als Rahmen oder mit

6

7

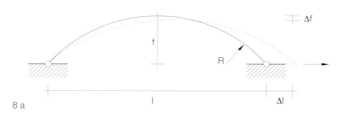

8 a

f/l	R [m]	Δf/Δl
1/10	130	1,9/1
1/15	190,8	2,8/1
1/30	376,7	4,0/1
1/60	750,8	12,2/1

b

Auskreuzungen ausgebildet werden. Eine solche statische Maßnahme ist zwar effektiv, die Bögen scheinen dabei jedoch zu verschmelzen und ihre Zeichenhaftigkeit als klassisches Tragelement wird dadurch aus gestalterischer Sicht »verwässert«.

Verzichtet man darauf, so muss der frei stehende Bogen über eine ausreichende Querbiegesteifigkeit verfügen. Hierfür eignen sich in Verbindung mit einer geringen Längsbiegesteifigkeit liegende Rechteckquerschnitte.

An den Überbau von Bogenbrücken werden keine besonderen Anforderungen gestellt. Bei zwei, den Gehweg beidseitig stützenden Bögen können offene Querschnitte gewählt werden, da diese keine Torsionssteifigkeit nachweisen müssen. In der Regel genügt bei einem Hängerabstand von 3 bis 5 m die für die Längsrichtung vorhandene Konstruktionshöhe auch für die Querrichtung, sofern eine Breite von 4 bis 5 m vorliegt. Im Fall des Langer'schen Balkens erhält der Überbau eine Zugkraft, die entweder über den Überbauquerschnitt oder über additive Zugglieder in Form von eingelegten Seilen aufgenommen werden muss. Bei einem mittig oder einseitig angeordneten Bogen ist ein torsionssteifer Überbau erforderlich, der z. B. als Stahlhohlkasten ausgeformt werden kann.

Materialien

Für den Bogen kommt als Material neben Stahl und Beton – insbesondere hochfestem Beton – auch Holz oder Stein infrage. Beim Einsatz von Holz ergeben sich große Querschnittsabmessungen, was visuell schwerfällig wirken kann, zudem ist ein guter aktiver Holzschutz mit Abdeckungen z. B. aus Blech nur begrenzt möglich.

Bei einem in der Werkstatt vorgefertigten Stahlbogen gibt es vielfältige Möglichkeiten der Querschnittsausbildung. Neben klassischen Rohrprofilen gelten auch zusammengeschweißte Rechteck-, Quadrat- oder Trapezprofile, die in ihrer Größe veränderlich sind, als sinnvolle, leistungsfähige und gestalterisch zufriedenstellende Querschnitte.

Betonbögen sind in der Herstellung schwierig, da sie entweder in einer aufwendigen Schalung in Ortbetonbauweise oder als zusammengefügte Fertigteile gebaut werden, die eine Hilfskonstruktion zur Unterstützung benötigen. Durch den Einsatz von hochfestem Beton lässt sich aufgrund seiner deutlichen höheren Festigkeit die Fläche des notwendigen Querschnitts und das Gewicht der Teile reduzieren. Bei einer Fertigteilbauweise müssen die einzelnen Bogensegmente mit Spanngliedern so aneinandergepresst werden, dass auch bei einer einseitigen Belastung des Bogens möglichst keine Zugspannungen auftreten und die Fuge immer geschlossen bleibt. In ähnlicher Weise sind auch moderne Bogenkonstruktionen aus Natursteinblöcken vorstellbar.

Mit den heutigen Fertigungsmöglichkeiten und in Verbindung mit anderen Werkstoffen wie hochfestem Stahl (Seile) oder Glas sind dabei ganz neue spannende Konstruktionen aus Stein denkbar (Abb. 8, S. 28).

Lagerung

Der Stich einer Bogenbrücke sollte bei ca. einem Zehntel ihrer Spannweite liegen. Dies führt einerseits zu einem ausgeglichenen Kräfteverhältnis im Bogen, andererseits ist die Empfindlichkeit des Systems gegenüber Setzungen des Baugrunds angemessen. Sobald geringere Stichmaße gewählt werden, ergeben sich große Bogenkräfte. Außerdem wird das Tragsystem immer empfindlicher gegenüber Horizontalverformungen der Kämpfer, d. h. aus horizontalen Setzungen der Bogenwiderlager ergeben sich Stich-

änderungen, die die Knickstabilität des Bogens verringern können. Abb. 8 zeigt, wie die Empfindlichkeit bei geringen Stichmaßen anwächst.

Je nach Setzungsverhalten des Bodens müssen die Planer entscheiden, ob die Verformungen einer Bogenbrücke durch besondere Maßnahmen wie z. B. Monitoring kontrolliert werden sollten. Eventuelle Setzungen können durch den nachträglichen Einbau von Futterplatten kompensiert werden, wodurch die Brücke ihre Geometrie beibehält.

Mit der Stichhöhe des Bogens und den anzunehmenden Belastungen lassen sich die aufzunehmenden Bogenschubkräfte ermitteln. Wenn diese nicht über Zugbänder kurzgeschlossen werden, müssen sie in den Baugrund eingeleitet werden. Neben flach gegründeten Fundamenten, die sich über geneigte Sohlflächen gegen den Baugrund abstützen, sind auch tiefgegründete Fundamente möglich.

Die Entscheidung, welches Fundament sich am besten eignet, ist von den Baugrundverhältnissen abhängig und sollte im Einzelfall gemeinsam mit einem Geotechniker festgelegt werden. Dies gilt natürlich auch für alle anderen Tragwerksformen und -konstruktionen.

9

10

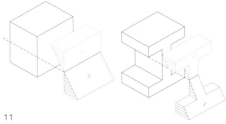

11

Balken- und Plattenbrücken

Historie

Eine Balken- oder Plattenbrücke ist die einfachste und älteste Konstruktionsform einer Fußgängerbrücke. Die Spannweiten der ersten Balkenbrücken wurden durch die Länge des gerade verfügbaren Baustoffs wie Baumstämme oder Steinplatten bestimmt (Abb. 10). Die Spannweite solcher Konstruktionen war dadurch begrenzt. Erst durch den Einsatz eines Primärtragwerks in Form von Fachwerken, Hänge- oder Bogenkonstruktionen, das die eigentliche Tragfunktion übernimmt, konnten größere Spannweiten erreicht werden. Der Balken oder die Platte selbst wurde zum sekundären Tragwerkselement. Mit der Entwicklung von Stahlbauquerschnitten sowie neuen Stahl- und Spannbetonen entstanden ab dem 18. Jahrhundert leistungsfähigere Balkenbrücken. Diese neuen Werkstoffe ermöglichten die wirtschaftliche Realisierung von größeren Spannweiten. Bekannte Ingenieure des 19. Jahrhunderts wie Robert Maillart, Eugène Freysinnet, François Hennebique und später Ulrich Finsterwalder sowie Fritz Leonhardt waren maßgeblich an der Entwicklung dieser Art von Brücken beteiligt.

Funktion

Balkentragwerke können aus einem Einfeldträger, einem Mehrfeldträger sowie einem Durchlaufbalken und einem Kragträger bestehen.
Gelenkig gelagerte Einfeldträger stellen die einfachste Form der Balkenbrücke dar (Abb. 13). Sie sind statisch bestimmt, ihre Bemessung ist einfach, und sie erlauben eine qualitätvolle Vorfertigung und Montage. Das Eigengewicht eines solchen Trägers und die aufgebrachte Verkehrslast verursachen an der Oberseite Druck- und an der Unterseite Zugspannungen (Abb. 12).
Das Biegemoment eines Einfeldträgers unter gleichmäßiger Belastung hat einen parabelförmigen Verlauf. Eine gleichmäßige Querschnittshöhe des Trägers ist deshalb nicht optimal, weil diese Form dem Kräfteverlauf innerhalb des Balkens nicht ausreichend Rechnung trägt. Aus diesen Überlegungen heraus wurde eine Reihe von materialsparenden Trägerformen entwickelt. Wenn der Entwurf im Querschnitt diesem parabelförmigen Verlauf folgt, ergeben sich Sonderformen wie z. B. Parabel- oder Linsenträger, die Material und Gewicht sparen. Diese Optimierung ist insbesondere bei größeren Spannweiten wichtig, um zu vermeiden, dass das Tragsystem zu sehr damit beschäftigt ist, die Eigenlasten zu tragen und nur noch wenig Verkehrslasten aufnehmen kann.
Doch selbst bei der Ausbildung als fischbauchartiger Träger muss der Balken, sofern er einen rechteckigen Querschnitt hat, immer noch viel unnötigen Ballast tragen. Wie das dreieckförmige Spannungsdiagramm zeigt, werden nur die Randbereiche eines Querschnitts vollständig ausgenutzt (Abb. 11). Sie sind am weitesten von der Schwerachse entfernt und besitzen damit den größten Anteil der Widerstandsfähigkeit des Querschnitts gegenüber der Biegung. Alle anderen Querschnittsteile haben durch ihre Lage in der Nähe des Schwerpunkts eine wesentlich schlechtere Ausnutzung. Trotzdem beschweren sie den Balken mit demselben Gewicht, wie das die hochbelasteten Randfasern auch tun. Durch die Verdichtung des Materials in Feldmitte wirken solche Einfeldträger schwerfälliger und weniger transparent. Dieser Eindruck kann sich noch verstärken, wenn sie aus wirtschaftlichen und montagetechnischen Gründen standardisiert und zu einer Einfeldträgerkette aneinandergereiht werden.

Eine weitere Möglichkeit, den Querschnitt einer Balkenbrücke zu reduzieren, ist, den Balken an den Widerlagern einzuspannen. Er wird dort so verankert, dass er sich nicht verdrehen kann, woraus ein statisch unbestimmtes System mit einem veränderten Beanspruchungsverlauf entsteht. Die maximalen Beanspruchungen treten jetzt an den Widerlagern auf. In Feldmitte reduzieren sich diese gegenüber dem Einfeldträger auf ein Drittel. Durch die verteilte Beanspruchung sind bei gleicher Spannweite geringere Bauhöhen notwendig und der eingespannte Träger ist bei konstanter Bauhöhe gegenüber dem Einfeldträger nur zu ca. 66 % ausgelastet (Abb. 14 und 15, S. 40). Allerdings sind diese Einspannmomente an den Widerlagern zu verankern und in den Baugrund einzuleiten, was zu größeren und aufwendigeren Fundamenten führen kann.

Ein Durchlaufträger hat ein ähnliches Verhalten wie ein eingespannter Träger und kann deshalb durch sein ausgeglichenes Momentenbild wesentlich schlanker und homogener ausgebildet werden als eine Kette aneinandergereihter Einfeldträger.
Weitere Vorteile des durchlaufenden Systems sind die geringeren Verformungen und der Verzicht auf wartungsintensive Fugen. Allerdings sind Mehrfeldträger komplizierter zu bauen, da sie selten in einem Stück hergestellt werden können und Arbeitsfugen gestalterisch und korrosionsschutztechnisch problematisch sind.

Aus der statischen Unbestimmtheit des eingespannten Trägers ergibt sich noch ein anderer, wesentlicher Unterschied zu statisch bestimmten Systemen: Die Beanspruchung des eingespannten Trägers ist von der Steifigkeitsverteilung abhängig, während die Beanspruchung des Einfeldträgers steifigkeitsunabhängig ist. Im Umkehrschluss bedeutet dies, dass man durch eine entsprechende Steifigkeitsver-

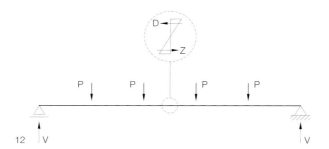

12

teilung, d.h. über die Querschnittshöhe, die Beanspruchung des eingespannten Trägers steuern kann (Abb. 17, S. 40). Wählt man z.B. eine Querschnittshöhe für einen Trägerverlauf, der der Beanspruchung des eingespannten Trägers folgt, dann zieht der steifere Querschnitt an den Widerlagern mehr Lasten an und es entsteht durch die Steifigkeitsveränderung eine zusätzliche Verlagerung der Beanspruchung eben dorthin. Im Extremfall, d.h. mit einer theoretischen Querschnittshöhe von Null in Feldmitte – faktisch einem zentralen Gelenk –, erhält man zwei Kragarme. Begünstigt wird

dieses System auch durch die weitere Einsparung von Eigengewichtslasten genau in den Bereichen, in denen diese Lasten der Querschnittsminimierung normalerweise entgegenwirken würden. Weil sie demzufolge an der Spitze der beiden Kragträger, also in Feldmitte des eingespannten Trägers, nur sehr wenig Querschnittshöhe benötigen, lassen sich solche Einfeldträger sehr schlank und transparent ausbilden.

Querschnitte
Die Auswahl von Querschnitten für Balkenbrücken reicht von Spann- und Stahl-

10 Brücke aus Steinplatten, Clapper Bridge, Dartmoor (GB), 13. Jahrhundert
11 Spannungsverlauf unter Momentenbelastung eines Rechteck-Vollquerschnitts im Vergleich mit einem Doppel-T-Querschnitt (Zug: +, Druck: -)
12 Tragsystem einer Balkenbrücke
13 Balkenbrücke mit Hohlkastenträger, Brückenmahnmal, Rijeka (HR) 2004, 3LHD arhitekti; C.E.S. Civil Engineering Solutions

13

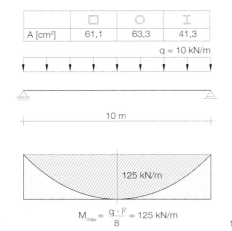

A [cm²]	□	○	I
	61,1	63,3	41,3

q = 10 kN/m

10 m

125 kN/m

$$M_{max} = \frac{q \cdot l^2}{8} = 125 \text{ kN/m}$$

14

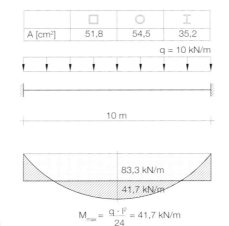

A [cm²]	□	○	I
	51,8	54,5	35,2

q = 10 kN/m

10 m

83,3 kN/m

41,7 kN/m

$$M_{max} = \frac{q \cdot l^2}{24} = 41,7 \text{ kN/m}$$

15

14 Einfeldträger: Beanspruchungsverlauf und daraus resultierende erforderliche Querschnitte
15 eingespannter Träger: Beanspruchungsverlauf und daraus resultierende erforderliche Querschnitte
16 integrale Balkenbrücke, Fußgängerbrücke über den Fluss Carpinteira, Covilhã (P) 2009, João Luís Carrilho da Graça; AFA Ingenieure

beton über reine Stahl- oder Holzquerschnitte bis hin zu unterschiedlichen Verbundquerschnitten aus Beton und Stahl oder auch Holz und Beton.
Bei Spannbetonquerschnitten werden die Zugbeanspruchungen durch parabelförmig verlegte Spannglieder erheblich reduziert und dadurch Schlankheiten von l/35 bis l/40 erzielt.
Im Stahlbau erweisen sich aus Blechen zusammengeschweißte Kastenquerschnitte als besonders leistungsfähig, sie sind bei geringem Gewicht sehr steif und ermöglichen Spannweiten bis zu 100 m, allerdings mit dem Nachteil, dass sie eine Bauhöhe von 2,20 bis 2,80 m benötigen (ca. l/45), wodurch die optische Transparenz und Leichtigkeit der Brücke leidet.
Im Vergleich zu aufgelösten Tragwerken erfordern solche Balkenbrücken einen hohen Materialeinsatz und durch die

großen Querschnitte auch einen hohen Montageaufwand. Trogquerschnitte haben den Vorteil, dass sie kein zusätzliches Geländer brauchen, ihre effektive Bauhöhe ist aber der von Kastenquerschnitten ähnlich.

Neben den Beanspruchungen sind die Verformungen einer Brücke zu beachten. Sie stellen ein Indiz für die Empfindlichkeit des Systems gegenüber dynamischer Anregung dar, bei Betonbrücken auch gegenüber dem Kriechverhalten. Kriechverformungen betragen ungefähr das Drei- bis Vierfache der Eigengewichtsverformung. Sie können zwar durch Überhöhung, d. h. durch das Maß, um das ein Tragwerk bei der Herstellung unter dem Aspekt der zu erwartenden Durchbiegung in der Mitte höher ausgeführt werden muss, bereits im Vorhinein berück-

sichtigt werden, unterliegen aber bei der theoretischen Ermittlung einer gewissen Streuung, da das genaue Materialverhalten nur schwer vorherzusagen ist.
Bei weit gespannten Balkenbrücken aus Beton sollte man diese Langzeitverformungen besonders beachten, um ein optisches Durchhängen der Brücke zu vermeiden.

Lagerung
Festpunkte an Stützen oder Widerlagern tragen die horizontalen Lasten von Brücken ab. Dabei bleibt der Festpunkt bei Längsausdehnungen in Ruheposition. Alle anderen Punkte verschieben sich entlang einer gedachten Verbindung zwischen Festpunkt und betrachtetem Punkt. Vor allem bei der Ausrichtung der Lager von gekrümmten Grundrissverläufen ist dies zu beachten.
In der Regel werden diese Festpunkte an Stellen vorgesehen, an denen sich Horizontalkräfte wirtschaftlich abtragen lassen, meistens an Auflagern, wo auch große Vertikalkräfte auftreten.
Die Verschiebewege müssen von den Lagern, Gelenken und Übergängen bis auf geringe Reibungskräfte möglichst zwängungsfrei aufgenommen werden können. Bei diesen Lagern handelt es sich entweder um vorgefertigte Standardteile oder individuell gefertigte Einbauteile. Ihre Größe und Konstruktion hängt von der Belastung und von den Längen der Verschiebewege ab (siehe Ausbau, S. 72). Bei Platten- und Balkenbrücken werden normalerweise Elastomerlager in Form von festen Lagerkissen oder Verformungsgleitlagern eingesetzt. Rollen-, Linienkipp- oder Kalottenlager kommen nur sehr vereinzelt zur Anwendung, wenn größere Lasten auftreten.
Pendelstützen sind ebenfalls in der Lage auf eine Längenänderung des Überbaus zu reagieren indem sie sich schräg stellen. Durch eine Bolzen-Laschen-Verbin-

16

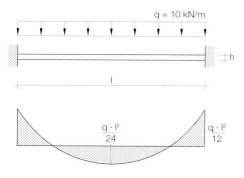

q = 10 kN/m

$\frac{q \cdot l^2}{24}$ $\frac{q \cdot l^2}{12}$

17 a

q = 10 kN/m

0,5h

$\frac{q \cdot l^2}{40}$ $\frac{q \cdot l^2}{10}$

b

17 Beanspruchungsverlauf eines eingespannten
Trägers im Vergleich:
a konstante Bauhöhe
b ungleichmäßige Bauhöhe
18 Beanspruchung M bei vorgegebenem Verschie-
beweg Δs für unterschiedliche Lagerbedigungen
Zustand I: fest eingespannte Stütze
Zustand II: elastische Einspannung
Zustand III: gelenkig gelagerte Stütze
α Verdrehwinkel Stütze
M Biegemoment infolge Verschiebung [kN/m]
E Biegesteifigkeit [N/m²]
I Trägheitsmoment [m⁴]
l Stützenlänge [m]
19 Beanspruchung eines Querschnitts bei gleicher
Fläche, aber unterschiedlicher Form

dung können sie so ausgebildet werden, dass sie Zug- und Druckkräfte aufnehmen, was bei standardisierten Lagern nur begrenzt möglich ist. Bei größeren Verformungen und kurzen Pendelstablängen ist jedoch darauf zu achten, dass aus der Schrägstellung Horizontalkräfte resultieren und diese den Überbau und die Verankerung des Pendels zusätzlich horizontal belasten können.

Integrale und semi-integrale Brücken
Lager und Übergänge verschleißen und müssen regelmäßig inspiziert, gewartet und ausgewechselt werden. Deshalb ist es vorteilhaft, auf Lager zu verzichten. So reduzieren sich die Unterhaltskosten und die Konstruktionen werden robuster. Derartige lagerlose Brücken bezeichnet man als integrale Brücken, wobei zwischen semi-integralen und integralen Brücken

unterschieden wird. Die integrale Brücke kommt vollständig ohne Lager aus, während bei semi-integralen Brücken der Überbau teils mit und teils ohne Lager mit den Unterbauten verbunden ist.

Eine integrale Brücke hat keinen ausgeprägten Festpunkt (Abb. 16). Die Brücke kann sich dort ausdehnen und verformen, wo es ihr mit dem geringsten Widerstand möglich ist. Der sogenannte elastische Festpunkt ist gleichzeitig der Ruhepunkt im System, von dem aus sich die Brücke verformt. Dieser Festpunkt muss nicht unbedingt mit einem Stützpunkt zusammenfallen.
Die Stützen und Widerlager werden bei einer integralen Lagerung durch die horizontalen Lasten grundlegend anders beansprucht. Durch die Verankerung der Stützen im Überbau und im Fundament

verkürzt sich zwar die Knicklänge der Stütze, aber die Stütze erfährt auch eine zusätzliche Biegebeanspruchung durch die Überbauverschiebung. Da die Verschiebungen des Überbaus nahezu unabhängig von der Steifigkeit der Stützen sind, stellt sich die Frage, wie man dieser Zwangsbeanspruchung durch eine geeignete Querschnittswahl begegnen kann. Der Stützenquerschnitt muss ausbalanciert sein, d.h. einerseits ist es notwendig, dass er genügend Knickstabilität für die aufzunehmenden Kräfte bietet, andererseits muss er aber auch so weich sein, dass er durch die aufgezwängten Längsverschiebungen des Überbaus nicht unnötig Kräfte anzieht. Einen weiteren wesentlichen Einfluss hat die Länge der Stützen. Je länger der verformbare Teil, desto geringer ist die Beanspruchung. Diese Abhängigkeit ist quadratisch, d.h.

Δs

$\alpha^{(I)}_1 = 0$

$M^{(I)}_1 = 6 \cdot \frac{E \cdot I}{l^2} \cdot \Delta s$

I

$\alpha^{(I)}_2 = 0$

$M^{(I)}_2 = 6 \cdot \frac{E \cdot I}{l^2} \cdot \Delta s$

$\alpha^{(II)}_1 = 0$

$M^{(III)}_1 < M^{(II)}_1 < M^{(I)}_1$

II

$\alpha^{(II)}_2$

$M^{(III)}_2 < M^{(II)}_2 < M^{(I)}_2$

$\alpha^{(III)}_1 = 0$

$M^{(III)}_1 = 3 \cdot \frac{E \cdot I}{l^2} \cdot \Delta s$

III

$\alpha^{(III)}_2 > \alpha^{(II)}$

$M^{(III)}_2 = 0$

18

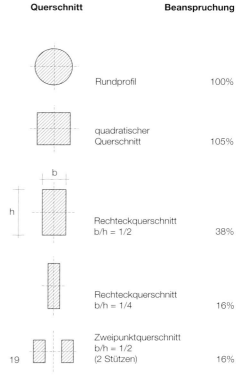

Querschnitt		Beanspruchung
	Rundprofil	100%
	quadratischer Querschnitt	105%
	Rechteckquerschnitt b/h = 1/2	38%
	Rechteckquerschnitt b/h = 1/4	16%
	Zweipunktquerschnitt b/h = 1/2 (2 Stützen)	16%

19

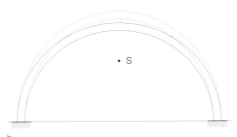

20a

b

bei doppelter Verformungslänge reduziert sich die Beanspruchung auf ein Viertel. Deshalb sollte die Stütze so lang wie möglich ausgebildet sein.

Wie Abb. 18 (S. 41) zeigt, halbiert sich bei einem gelenkigen Anschluss am Stützenfuß die Beanspruchung an der Einspannstelle zum Überbau auf die Hälfte. Bei einer sogenannten elastischen Einspannung, d. h. keine volle Einspannung, aber auch keine gelenkige Lagerung, wird sich ein Zustand zwischen I und III einstellen. Hierfür muss das Fundament möglichst schmal und bei einer Tiefgründung nach Möglichkeit mit nur einer Pfahlreihe ausgebildet werden, um die Drehsteifigkeit zu reduzieren.

Als Stützen eignen sich Querschnitte, die in Längsrichtung schlank und in Querrichtung steif sind. Abb. 19 (S. 41) zeigt das unterschiedliche Beanspruchungsniveau bei gleicher Querschnittsfläche, gleicher Kopfverschiebung, aber unterschiedlicher Stützenform.

Wegen der geringeren Verformungslänge sind gespreizte Y-Stützen ungünstig, um Zwangsbeanspruchungen aufzunehmen. V-Stützen sind sehr steif und erlauben nur geringe Verformungen, ohne dass große Zwangsbeanspruchungen auftreten. Bei den Widerlagern einer integralen Brücke gibt es unterschiedliche Lösungsansätze: Die Auflagersituation an den Widerlagern sollte entweder so weich wie möglich oder komplett starr sein. Mit einer oder zwei nachgiebigen schlanken Wandscheiben ist ein weiches Auflager realisierbar, je nachdem ob eine Einspannung erforderlich ist oder nicht. Für die Steifigkeit der Wandscheiben gilt Ähnliches wie für die Stützen: je weicher desto geringer die Beanspruchung. Kommt Stahlbeton zum Einsatz, ist es ratsam, bei der Betrachtung auch den Verformungszuwachs und den damit verbundenen Steifigkeitsabfall in Folge von Rissbildung (Zustand II) miteinzubeziehen.

Eine Rückverfüllung des Widerlagers sollte möglichst keinen oder nur wenig Einfluss auf das Zwängungsverhalten haben. Das wird erreicht, indem man das Widerlager mit einer weichen Schicht vom Erdreich abkoppelt bzw. abpolstert oder der Erdkörper hinter dem Widerlager so stabilisiert wird, dass eine völlige Trennung erfolgt und keine Interaktion stattfindet.

Bei der starren Halterung wird die Brücke an den Widerlagern vollständig festgehalten und kompensiert die auftretenden Längenänderungen mit innerem Zwang.

Im Falle einer Temperaturänderung ΔT errechnet sich die zwängungsfreie Ausdehnung folgendermaßen:

$$\Delta s = l \cdot \alpha_t \cdot \Delta T \ [m] \quad (I)$$

Die Größe der Längenänderung ist dabei unabhängig von der Querschnittsfläche, sie wird allein über den Temperaturausdehnungskoeffizient und den Temperaturunterschied bestimmt. So würde sich beispielsweise bei einem Temperaturzuwachs von 30 °C eine 100 m lange Brücke um folgende Werte verlängern:

· Stahlbrücke um ca. 36 mm ($\alpha_t = 1,2 \ e^{-6}$)
· Betonbrücke um 30 mm ($\alpha_t = 1,0 \ e^{-6}$)
· Holz- oder Glasbrücke um 24 mm ($\alpha_t = 0,8 \ e^{-6}$)

Die axiale Kraft, die benötigt wird, um diese Verformung zu kompensieren, beträgt:

$$F = \Delta s \cdot E \cdot A / l \ [N] \quad (II)$$

Setzt man in (II) Δs von (I) ein, dann resultiert die Kraft zu

$$F = \alpha_t \cdot \Delta T \cdot E \cdot A \ [N]$$

und die Spannung zu

$$\sigma = F/A = \alpha_t \cdot \Delta T \cdot E$$

Δs Längenänderung [m]
l Ausgangslänge [m]
α_t Längenausdehnungskoeffizient [1/K]
ΔT Temperaturänderung [K]
F Axialkraft [N]
A Querschnittsfläche [m²]
E Elastizitätsmodul [N/m²]
σ Spannung [N/m²]

Zwei Dinge sind hierbei interessant: Die Kraft ist unabhängig von der Länge der Brücke und die Spannung ist genauso wie die Längenänderung unabhängig von der Querschnittsfläche. Deshalb kann es insbesondere bei langen Brücken sinnvoll sein, integrale Lösungen zu wählen. Hier müssen zwar große Zugkräfte in den Widerlagern verankert werden, dafür können aber die Stützen sehr einfach und ohne Zwangsbeanspruchungen ausgeführt werden, weil jeder Punkt der Brücke in Ruheposition bleibt.

Im Gegensatz zu geraden Brücken kann sich eine gekrümmte Brücke den Zwängungskräften durch eine Änderung in der Grundrisskrümmung entziehen und es entstehen wesentlich geringere Beanspruchungen (Abb. 20).

Der Trend zeigt, dass integrale Brücken in Zukunft den Brückenbau maßgeblich mitbestimmen werden. Bei der technischen Bearbeitung muss das Tragwerk dieser Brücken wesentlich genauer und differenzierter betrachtet werden. Die Steifigkeiten einzelner Elemente können den Beanspruchungszustand des gesamten Tragwerks beeinflussen. Damit entsteht eine gegenseitige Abhängigkeit der Bauteilabmessungen – die klassische Trennung und separierte Betrachtung von Fundamenten, Unterbauten und Überbau ist nicht mehr möglich.

21

20 Verschiebungen durch Verlängerung
   a gerader Grundriss
   b gekrümmter Grundriss
21 gedeckte Holzbrücke, Ponte degli Alpini,
   Bassano del Grappa (I) 1569, nach einem Entwurf von Andrea Palladio errichtet
22 verschiedene Fachwerkträgerformen (von links
   oben nach rechts unten): Fink-Träger, Bollmann-
   Träger, Howe-Träger, Pratt-Träger, Whipple-
   Träger, Petit-Träger, Warren-Träger, Gitterträger,
   Pauli-Fischbauchträger, Schwedlerträger, Parabelträger, Halbparabelträger, Engesser-Träger

Fachwerkbrücken

Historie

Obwohl sich Leonardo da Vinci und Andrea Palladio schon im 15. und 16. Jahrhundert mit Entwürfen für Fachwerksysteme beschäftigten (Abb. 21), wurde erst im 18. Jahrhundert der Begriff Fachwerk geprägt und die ersten klassischen Fachwerkbrücken aus Holz gebaut. Die ersten Fachwerkgitterträgerbrücken, auch Lattenträgerbrücken genannt, entstanden Anfang des 19. Jahrhunderts in Amerika. Viele kreuzweise verlaufende Holzlatten verbinden hier den Ober- mit dem Untergurt. Profile aus Gusseisen trugen in den

folgenden Jahren zur Verbesserung des Systems bei, ein Beispiel ist die 1859 in Betrieb genommene Rheinbrücke in Waldshut. Durch die Weiterentwicklung des Werkstoffs Stahl und mit neuen Berechnungsverfahren von Ingenieuren und Mathematikern wie Karl Culmann, August Ritter und Luigi Cremona entstanden in der zweiten Hälfte des 19. Jahrhunderts eine Vielzahl von Fachwerksystemen (Abb. 22). Der sogenannte Schwedlerträger sorgt durch seine Form für eine reine Zugbelastung in den Streben. Friedrich August von Pauli und Isambard Kingdom Brunel entwickelten und bauten fisch-

bauchartige Fachwerkträger, die Spannweiten bis zu 130 m erreichten. Auch in Nordamerika entstanden im Zuge der Industrialisierung neue Systeme für den Eisenbahnbrückenbau. James Warren verband die Ober- und Untergurte mit Diagonalen in Zickzack-Anordnung und entwickelte damit die Reinform des Fachwerks. Beim sogenannten Fink-Träger sind die Unterspannungen eines Trägers so überlagert, dass damit sehr effiziente und transparente Brückentragwerke gebaut werden können.

Funktion

Ein Fachwerk ist eine Konstruktion aus mehreren Stäben, die an beiden Enden miteinander verbunden sind. Jeder Stab ist Bestandteil mindestens eines dreieckigen Fachs. Bei Belastung entstehen bei diesem Prinzip nur axiale Kräfte in den einzelnen Stäben eines Fachwerkträgers (Abb. 23, S. 44). Während bei Biegebeanspruchungen nur die Randbereiche voll ausgenutzt werden, wird bei der axialen Beanspruchung der ganze Querschnitt genutzt. Deshalb sind Fachwerkkonstruktionen sehr effizient: Sie lassen unnötiges Material weg und haben dadurch ein geringeres Gewicht.
Die Kräfte in einem Fachwerk – sofern statisch bestimmt – können mit grafischen Methoden wie z.B. dem Cremonaplan ohne aufwendige Berechnungen ermittelt werden. Durch die rein axiale Beanspruchung lässt sich jeder Stab für sich optimal dimensionieren und nutzen.
Sofern man die Querschnitte der einzelnen Stäbe den Druck- und Zugkräften anpasst und damit auch eine erkennbare Differenzierung stattfindet, lassen sich solche Tragwerke optimieren und »ausdünnen«.

Unterspannte Systeme

Fachwerke können entweder über oder unter der Gehfläche liegen. Bei unter-

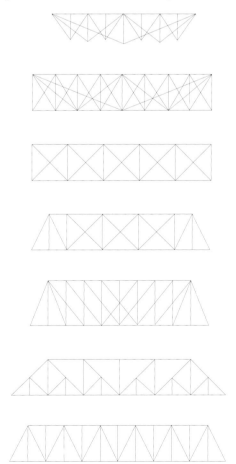

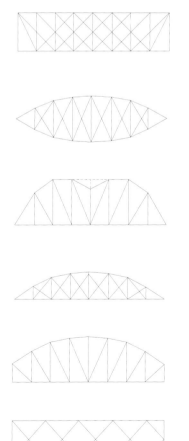

22

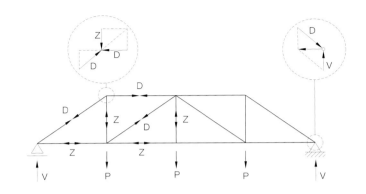

23

spannten Systemen ist zu beachten, dass etwaige Lichtraumbegrenzungen unter der Brücke und die Anforderungen an den Hochwasserschutz nicht verletzt werden.

Ein unterspannter Einfeldträger hat den Vorteil, dass der Untergurt nur Zug erfährt und dadurch schlanke Bauhöhen möglich sind. Durch Kombination von Funktion und Konstruktion kann die Gehfläche als Druckgurt fungieren, sodass die Bauteile effizient genutzt werden. Einfach unterspannte Systeme haben wenig Anschlussdetails und ermöglichen eine unkomplizierte Montage. Ihre Spannweiten reichen etwa bis 40 m. Bei größeren Spannweiten braucht der Überbau zur Beschränkung der eigenen Bauhöhe mehr Unterstützungen (Luftstützen). Dies führt entweder zu einem fischbauchartigen Fachwerkträger mit einem gekrümmten Zuggurt wie z. B. beim Traversiner Steg I, der allerdings 1999 durch einen Felssturz zerstört wurde (Abb. 26 und 27). Werden die Auskreuzungen weggelassen, entsteht hingegen eine selbstverankerte Hängekonstruktion mit dem Überbau als Druckgurt, wie die mehrfeldrige, leicht gekrümmte Living Bridge in Limerick zeigt (Abb. 28 und 29). Die Unterspannebene wurde zusätzlich nach außen geklappt, um die Unterspannung für den Benutzer sichtbar zu machen und dem System mehr Querstabilität zu verleihen. Die Seishun Brücke in Tsumagoi / Japan von Akio Kasuga ist in Segmentbauweise hergestellt und verfügt zusätzlich zur Unterspannung über ein in Höhe des Überbaus laufendes Hängeseil. Dies diente zur Montage der Geländersegmente aus Beton und fungiert im Endzustand als zusätzliche Versteifung des Tragsystems.

Überspannte Systeme
Befindet sich das Fachwerk über der Gehfläche, handelt es sich um ein über-

spanntes System. Hier spielt die Stabilität des Obergurts eine wichtige Rolle. Bei Einfeldträgern sind die Obergurte druckbeansprucht und es besteht die Gefahr des seitlichen Ausweichens. Entweder es gelingt, dies durch eine entsprechende Quersteifigkeit des Fachwerkträgers auszuschließen, oder die Pfosten und Diagonalen müssen durch eine entsprechende Rahmenwirkung ein seitliches Ausscheren verhindern. Sofern die Fachwerke beidseitig des Gehwegs angeordnet sind und sich ihre Gurte über dem Lichtraum der Brücke befinden, kann durch Verbinden und Ausfachen der Obergurte eine sehr effiziente gegenseitige Stabilisierung erreicht werden. Der Charakter der Brücke ändert sich dadurch: Man geht nicht mehr neben, sondern im Tragwerk.
Bei auskragenden Fachwerken erhält der Obergurt Zug, was kleinere Querschnitte ermöglicht. Es besteht jedoch auch hier die Gefahr des seitlichen Ausweichens des Obergurts, der durch die Einspannung der Pfosten in den Überbau begegnet werden kann.

Trägerformen
Parallelgurtige Fachwerkträger werden ganz unterschiedlich beansprucht, was eine Abstufung der Querschnitte nahelegt. Diese Fachwerkform eignet sich insbesondere für Systeme, die aus gleichen, standardisierten Einzelteilen zusammengesetzt sind, da alle Elemente dieselbe Länge haben und sich die Detailpunkte dabei wiederholen. Sobald der Obergurt wie beim Trapez- und beim Parabelträger dem Beanspruchungsbild folgt, sind die Kräfte ausgeglichener.
Ein Linsen- oder Fischbauchträger verfügt über zwei gekrümmte Gurte, was oft zur Folge hat, dass die ebene Gehwegoder Fahrbahnplatte entweder abgehängt oder aufgeständert werden muss. Bei der Wahl einer dem Beanspruchungsverlauf

folgenden Geometrie führt dies bestenfalls dazu, dass durchgängig gleiche Gurtquerschnitte möglich werden.
Die Diagonalen sind ebenfalls ganz unterschiedlich beansprucht, abhängig von ihrer Position und Richtung. Auch hier ist es sinnvoll, die Querschnitte nach Druck und Zug zu unterscheiden. So müssen Druckstäbe immer eine Biegesteifigkeit haben, damit sie nicht ausknicken. Zugstäbe hingegen können biegeweich aus kompakten Vollstäben oder Seilen hergestellt werden.

Neben den klassischen Fachwerken gibt es bei Fußgängerbrücken noch einige andere, weiterentwickelte Fachwerkformen. Eine davon ist der inverse Fink-Träger, der sich des klassischen Prinzips des Fink-Trägers bedient. Der deutschamerikanische Ingenieur Albert Fink entwickelte diesen Trägertyp für Eisenbahnbrücken. Durch Ineinanderschachteln von unterspannten Systemen entsteht ein äußerst transparentes Tragsystem für Einfeldträger, dass aber durch seine vielen Überschneidungen einen unruhigen Eindruck vermittelt. Bei einem inversen überspannten System indes wirkt dieses Prinzip harmonischer, weil immer nur eine Überschneidung stattfindet und das System dadurch ablesbarer und klarer wird (Abb. 31 und 32, S. 46).

Eine besondere Art des Fachwerkträgers ist die in Dreiecksmaschen aufgelöste Fachwerkröhre. Sie bietet dem Benutzer beim Durchschreiten einen spannenden dreidimensionalen Innenraum. Durch den kreisrunden Querschnitt neigt die Röhre bei Querbelastung zum Ovalisieren. Um dem entgegenzuwirken, müssen die einzelnen Elemente entweder eine ausreichende Eigensteifigkeit besitzen oder die Querschnittsringe (Spanten) kräftig genug ausgeformt sein. Durch die gekrümmte Oberfläche werden die

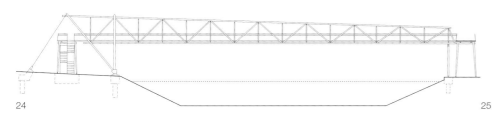

24

25

Verbindungsknoten der Fachwerkstäbe im Vergleich mit ebenen Fachwerken aufwendiger und kostenintensiver.

Materialien
Holz
Fachwerkkonstruktionen gab es zuerst im Holzbau dank einfach herzustellender Holzstäbe und -verbindungen. Zum Teil existieren die ersten einfachen Fachwerkbrücken aus Holz noch heute wie z.B. die Kapellbrücke in Luzern/Schweiz – mehr als 600 Jahre nach ihrer Errichtung. Bei größeren Spannweiten stößt der Holzbau schnell an seine Grenzen, weil zim-

mermannsmäßige Fügungen keine großen Kräfte übertragen können. Insbesondere die fehlende Kapazität der Verbindungen, Zugkräfte schlupffrei zu übertragen, begrenzte die Spannweiten. Erst mit dem Aufkommen der neuen Materialien Eisen und Stahl entstanden Verbindungsmittel, mit denen sich größere Kräfte übertragen lassen, wodurch auch größere Spannweiten möglich wurden. Ihre Robustheit und Langlebigkeit verdanken die alten Holzkonstruktionen einem konsequenten Holzschutz, den man heute genauso wie damals am besten durch einen Bewitterungsschutz und die

ausreichende Belüftung der Bauteile erreicht. Ein Dach beispielsweise erfüllt nicht nur diese Funktion, sondern kann auch als Element zur Stabilisierung der Fachwerkobergurte dienen. Feuchte Stellen, z.B. unter Blechabdeckungen, können das Holz zerstören und sind zu vermeiden.

Stahl
Fachwerke aus Stahl bewältigen wegen der höheren Leistungsfähigkeit des Materials nicht nur erheblich größere Spannweiten, der mit entsprechendem Korrosionsschutz versehene Stahl kann zudem

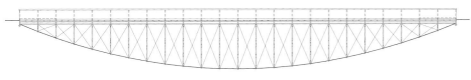

26

27

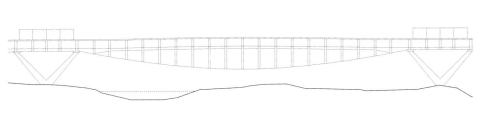

28

29

45

30

uneingeschränkt der Witterung ausgesetzt werden, ohne dass er darunter leidet. Das erlaubt offene Konstruktionen ohne Schutzdach. Die Fachwerkelemente können aus gängigen Walzprofilen oder aus zusammengesetzten und verschweißten Querschnitten bestehen, für Zugelemente kommen oft hochfeste Seile, Flachstähle oder Zugstäbe zum Einsatz. Die Verbindungspunkte dieser Elemente – die Fachwerkknoten – können entweder aus Blechen zusammengeschweißt oder aus Gussstahl gegossen werden. Insbesondere mit Guss lassen sich Knoten herstellen, die dem Kraftfluss folgen und dabei sehr kompakt und gut proportioniert wirken. Dies ist ein wichtiger Aspekt beim Entwurf von Fußgängerbrücken, deren Details maßstäblich und von ausgewogener Proportion sein sollten. Idealerweise sind diese Knotenverbindungen gelenkig, um damit Sekundärbiegespannungen, auch Fachwerknebenspannungen genannt, ausschließen zu können. Allerdings sind gelenkige Verbindungen in ihrer Herstellung wesentlich aufwendiger, sodass es gerechtfertigt erscheint, die bei den biegesteifen Verbindungen auftretenden Nebenspannungen, die 10–20 % der Gesamtbeanspruchung ausmachen können, in Kauf zu nehmen.

Beton
Der Vorteil von Beton als Werkstoff ist, dass er sich frei formen lässt und damit auf alle statischen und topografischen Randbedingungen sehr gut reagieren kann. Ein interessantes Beispiel für eine Fachwerkbrücke aus Beton ist die Alfenzbrücke in Lorüns/Österreich (siehe S. 94f.). Durch ihre gestalterische Prägnanz und Präsenz setzt die Brücke ein markantes Zeichen in der Landschaft. Dies ist insbesondere auf ihre skulpturale Konstruktion aus Stahlbeton zurückzuführen. Der Beton lässt die gewollte Unregelmäßigkeit der Diagonalen, die sich an bionische Prinzipien anlehnt, selbstverständlich und flüssig erscheinen.
Mit der Entwicklung von hochfestem Beton, der Druckfestigkeiten bis zu 200 N/mm^2 erreichen kann, eröffneten sich neue Möglichkeiten für Fachwerkbrücken aus Beton. Mit im Spannbett vorgespannten Fertigteilen, die sehr leicht und damit gut transportierbar sind, ist es möglich, filigrane Fachwerkkonstruktionen herzustellen.

Lagerung
Die Lager von Fachwerkbrücken müssen im Gegensatz zu einfachen Balken- oder Plattenbrücken aufgrund ihrer größeren Spannweiten auch größere Kräfte aufnehmen. Sofern die Kapazität von Elastomerlagern nicht ausreicht, können Rollenlager oder auch Kalottenlager zum Einsatz kommen. Fachwerkträger sollten zwängungsfrei gelagert sein, da durch die gegenüber der Tragwerksachse exzentrische Position der Auflagerpunkte neben der axialen Beanspruchung auch eine zusätzliche Momentenbeanspruchung entstehen kann.
Für die Fundamente kommen je nach Beanspruchung und Baugrundverhältnissen Flachgründungen sowie alle Arten von Tiefgründungen mit Pfählen, Ankern oder im Extremfall auch Schlitzwand- oder Brunnengründungen infrage.

31

32

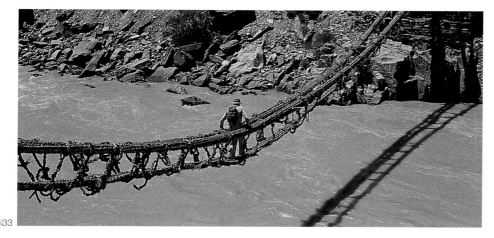

30 Fachwerkröhre aus Drei- und Viereckmaschen, Peace Bridge, Calgary (CDN) 2012, Santiago Calatrava
31 inverser Fink-Träger, Royal Victoria Dock Bridge, London (GB) 1998, Lifschutz Davidson; Techniker
32 inverser Fink-Träger mit unterschiedlich nach außen geneigten Pfosten, Forthside Fußgängerbrücke, Stirling (GB) 2009, Wilkinson Eyre Architects; Gifford
33 einfache Hängebrücke aus Weidengerten in der Region Ladakh (IND)

Hängebrücken

Historie

Vorbilder für Hängekonstruktionen kommen aus den Hochkulturen Asiens und Südamerikas. Bis heute gibt es in Indien und Peru Hängestege, deren Tragseile aus Pflanzenfasern bestehen (Abb. 33). In Europa hingegen waren Hängebrücken lange Zeit völlig unbekannt – ihre Geschichte beginnt erst mit der Entwicklung von zähem Stahl. Anfangs bestanden die Zugglieder aus geschmiedeten Ketten, erst im 19. und 20. Jahrhundert entwickelte man hauptsächlich in Frankreich, der Schweiz und in Amerika Drahtseile, sodass in der Folge durchlaufende Zugelemente hergestellt werden konnten. Aufgrund der einfacheren Montage der Drahtkabel ließen sich größere Spannweiten erreichen. Der Pont Charles-Albert bei Cruseilles/Frankreich aus dem Jahr 1839 ist eine der ersten Drahtseil-Hängebrücken in Europa. Die Brooklyn Bridge in New York (1883) verhalf den Drahtkabeln endgültig zum Durchbruch, worauf die Jagd nach immer größeren Spannweiten begann und man heute Hängebrücken von mehr als 3000 m Spannweite für möglich hält.

Funktion

Hängebrücken bieten eine Vielfalt an Konstruktionsmöglichkeiten, angefangen bei klassischen rückverankerten oder selbstverankerten Hängebrücken über Brücken mit schrägen Seilebenen oder seitlichen Verspannungen bis hin zu mehrfeldrigen Hängebrücken.
Die Zugkraft der Tragseile ist bei rückverankerten Hängebrücken vollständig im Baugrund verankert. Indes wird bei selbstverankerten Hängebrücken nur der vertikale Anteil in den Baugrund eingeleitet, der horizontale Anteil dagegen über den Überbau mit der gegenüberliegenden Seite kurzgeschlossen (Abb. 34, S. 48).

Bei der rückverankerten Lösung montiert man zuerst die Tragseile und anschließend kann der Überbau in Abschnitten eingehängt werden, was einen großen Vorteil gegenüber selbstverankerten Hängebrücken darstellt. Bei diesem Brückentyp ist es wichtig, dass eine Kopplung der beiden gegenüberliegenden Verankerungspunkte der Tragseile vorliegt. Das bedeutet, dass der Überbau zumindest teilweise bereitstehen muss, bevor das Tragseil belastet werden kann. Alternativ besteht die Möglichkeit das Tragseil aufwendig temporär im Baugrund zu verankern, um bis zum Kurzschluss die Horizontalkräfte in den Baugrund einzuleiten. Auch wenn man unterspannte Brücken ohne Auskreuzungen eher den Fachwerkbrücken oder gar den Balkenbrücken zuordnen möchte, so gehören sie streng genommen zu den selbstverankerten Hängebrücken, allerdings in etwas modifizierter Form. Die Unterspannung (Hängeseil) trägt über Aufständerungen (Hänger) den Überbau, der wiederum die Horizontalkraft im System kurzschließt und auch für eine Versteifung bei nicht geometrieaffinen Lasten sorgt. Die Unterspannungen können aus Seilen, Blechen oder auch Beton hergestellt werden, wobei die Anwendung von Beton konstruktiv nur dann sinnvoll ist, wenn er vorgespannt ist und ohne größere Risse Zugkräfte aufnehmen kann.
Grundsätzlich sind Hängebrücken sehr effiziente Tragwerke, da sie nur minimalen Materialeinsatz erfordern. Ihre Hängelinie entwickelt sich direkt aus dem Momentenbild. Der Nachteil von Hängebrücken ist jedoch, dass Lasten, die nicht affin zum Eigengewicht sind, also z. B. Einzellasten oder halbseitige Verkehrslasten, zu größeren Verformungen führen. Dabei gilt, je höher die Kraft im Tragseil, desto geringer die Verformungen.
Das Kräfteniveau in den Tragseilen wird durch die Seilgeometrie und das Eigen-

gewicht bestimmt. Deswegen spielt bei Hängekonstruktionen neben dem ausgewogenen Verhältnis zwischen Spannweite und Durchhang (Stich) das Verhältnis von Eigengewicht zu Verkehrslast eine große Rolle: Ausgeglichene Kräfteverhältnisse in Tragseilen, Abspannungen und Masten erhält man bei einem Stich von ca. 1/10 bis 1/12. Darüber hinaus gilt, je größer das Eigengewicht der Brücke, desto weniger empfindlich ist sie gegenüber Verformungen durch Verkehrslasten. Dies ist ein wesentlicher Unterschied zu den Schrägkabelbrücken, aber auch zu Balken- oder Fachwerkkonstruktionen. Dort leisten nur die Steifigkeiten der Bauteile einen Beitrag zur Verformung, nicht aber die Kräfte in den Bauteilen.
Werden die Hängerneigungen verändert, so wandelt sich auch die Steifigkeit des Systems. Bei schrägen Hängern verbessert sich die Steifigkeit leicht, bei zickzackförmig angeordneten diagonalen Hängern ändert sich das Tragverhalten komplett und kommt dem eines Fachwerkträgers gleich. Allerdings können die in einem Fachwerk auftretenden Druckkräfte bei einer Hängekonstruktion nur dann von den Seilen vollständig aufgenommen werden, wenn genügend Eigengewicht vorhanden ist. Das Gewicht spannt die Hängerseile vor, d. h. sie können durch Abbau der Zugkräfte Druckkräfte aus der Verkehrslast aufnehmen. Um zu verhindern, dass die Hänger Ermüdungsprobleme bekommen, sollte durch genügend Gewicht dafür gesorgt werden, dass sie eine ausreichende Vorspannung erhalten und damit die Druckkräfte aus Verkehrslasten aufnehmen können.
Während im Großbrückenbau Hängekonstruktionen aufgrund ihrer aufwendigen Herstellung und ihrer dynamischen Anfälligkeit nur bei sehr großen Spannweiten eingesetzt werden, gibt es auch Fußgängerhängebrücken im mittleren

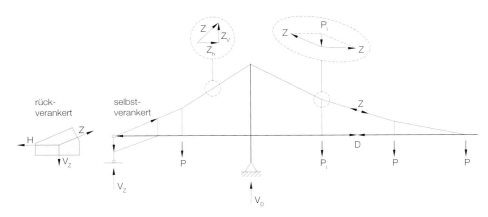

34

Spannweitenbereich von 30 bis 100 m.
Hier sind die statischen und dynamischen
Anforderungen an das Tragsystem wesentlich geringer. Dies erlaubt, dass sich
in diesem kleinmaßstäblicheren Bereich
sehr leichte und ästhetisch ansprechende
Brücken realisieren lassen (Abb. 35).

Tragelemente

Tragseile

Das Haupttragelement einer Hängebrücke ist das Tragseil. Tragseile müssen in
der Lage sein, mit möglichst geringem
Materialeinsatz große axiale Kräfte aufzunehmen. Um größere Biegespannungen aus Krümmungsänderungen und
Umlenkungen zu vermeiden, sollten die
durchlaufenden Tragseile möglichst
biegeweich sein. Während es sich bei
kleineren Spannweiten als durchaus
interessant und wirtschaftlich erweisen
kann, die Tragseile aus einer Gelenkkette
zusammenzusetzen, die aus Kettenglie-
dern oder Stahlprofilen besteht, kommen
bei größeren Spannweiten meist durchlaufende Seile zum Einsatz, die in idealer
Weise die Anforderungen an ein Zugglied
vereinen. Einerseits besitzt der hochfeste
Vergütungsstahl eine drei- bis viermal
höhere Festigkeit als normaler Konstruktionsstahl und weist damit ein sehr güns-

tiges Verhältnis von Eigengewicht zu
Festigkeit auf (siehe Material, S. 27).
Andererseits hat der aus vielen Einzel-
drähten zusammengesetzte Querschnitt
nur einen Bruchteil der Steifigkeit, die ein
Vollstab aus Stahl mit gleichem Durchmesser hätte. Damit sind auch Umlenkungen ohne große Zusatzbiegespannungen
möglich.
Insbesondere vollverschlossene Spiralseile haben sich im Fußgängerbrückenbau bewährt. Dieser Seiltyp besteht im
Kern aus mehreren wechselseitig geschla-
genen Runddrähten. Die Außenlagen
bilden Z-Drähte, die für ein geschlosse-
nes Gefüge sorgen. Durch die im Formschluss liegenden äußeren Z-Drähte kann
das Seil über die Gewölbewirkung Quer-
pressungen aufnehmen. Dies erlaubt
Umlenkungen und Klemmungen ohne
Beschädigung der Drähte und damit
ohne Beeinträchtigung der Festigkeit.
Vollverschlossene Seile besitzen gegenüber Paralleldrahtbündeln eine reduzierte
Ermüdungsfestigkeit, was vor allem für
Schrägkabel von Verkehrsbrücken wichtig
ist. Bei Fußgängerbrücken treten aufgrund
der geringeren Frequentierung wesentlich
kleinere Wechselbelastungen auf, sodass
die Ermüdungsfestigkeit der Bauteile eine
eher untergeordnete Rolle spielt.

Seile müssen vorgereckt werden, um
den bleibenden Verformungsanteil,
auch Kriechverfromung genannt, vor-
wegzunehmen. Hierzu wird das Seil
bis zu fünfmal auf Gebrauchslast hoch-
gefahren. Trotz dieses Vorreckens
kriechen die Seile nach. Dieser verblei-
bende Anteil von ca. 3 bis 4 mm bei
einem 10 m langen Seil muss bei der
Längenermittlung durch entsprechende
Vorverkürzung berücksichtigt werden.
Dies führt bei Hängebrücken in der
Regel dazu, dass sie kurz nach Fertigstellung etwas zu hoch liegen und erst
allmählich im Laufe der nächsten ein
bis zwei Jahre in ihre endgültige Lage
kriechen.

Die Drähte an den Endverankerungen
sind in einer konischen Hülse mit einer
Zink-Aluminium-Magnesium-Kupfer-
Legierung, auch Zamak genannt, ver-
gossen. Die zylindrischen Köpfe können ihre Kräfte entweder direkt auf Ver-
ankerungskörper (Abb. 39) oder über
angegossene Augenbleche an eine
Bolzenverbindung weiterleiten (Abb. 38).
Während die zylindrische Vergusshülse
einen Längenausgleich durch Unterlags-
platten ermöglicht, besteht diese Option
bei der Gabelseilhülse nicht.

35

36

37

Als Korrosionsschutz erhalten die Seile eine Galfanbeschichtung. Galfan ist eine metallische Beschichtung für Rund- und Profildrähte, die aus einer Legierung mit ca. 95 % Zink und 5 % Aluminium besteht und mit einem Flächengewicht von ca. 300 g/m² hergestellt wird.
Da kein weiterer Anstrich notwendig ist, kann das Seil seine strukturierte metallische Oberfläche behalten. Die Lebensdauer einer Galfanbeschichtung wird auf bis zu 50 Jahre prognostiziert. Sofern der Korrosionsschutz nachlassen sollte oder Beschädigungen auftreten, ist das nachträgliche Aufbringen eines Anstrichsystems problemlos möglich.

Bei klassischen Hängebrücken werden die Tragseile über Masten zu den Widerlagern geführt. Dabei sind einige geometrische Zusammenhänge zu beachten: Vereinfacht gesehen wird die Tragseilkraft über einen Bock verankert, der aus dem Mast und dem Rückhalte- bzw. dem weiterführenden Tragseil besteht (Abb. 46, S. 52). Die Kräfte in diesem System hängen von der Neigung des Masts ab. Wenn der Mast in der Winkelhalbierenden steht, dann sind die Tragseilkräfte gleich, und es müssen keine Tangentialkräfte an den Mast abgegeben werden. Sobald sich

der Mast aber aus dieser Ideallage herausbewegt, treten Differenzkräfte in den Tragseilen auf, und die Kräfte, die auf den Mast einwirken, verändern sich. Bei einer Neigung in Richtung Brückenmitte vergrößert sich die Kraft im Mast, bei Neigung in die entgegengesetzte Richtung verkleinert sie sich. Die Differenzkräfte aus den Tragseilen müssen in den Mast eingeleitet werden. Falls ein Umlenksattel zum Einsatz kommt, hat die Kraftübertragung über Reibung zwischen Seil und Seilnut und, sofern erforderlich, über eine zusätzliche Klemmung im Umlenksattel zu erfolgen.
Beim Umlenksattel selbst sind konstruktive Vorgaben einzuhalten. So wird für eine Umlenkung ein Mindestradius vom 20-fachen des Seildurchmessers gefordert. Aus dem Seildurchmesser und dem Öffnungswinkel zwischen Seil und Mast ergibt sich die Sattellänge und -größe. Am Ende des Sattels müssen sogenannte Auslauftrompeten vorgesehen werden. Sie helfen, bei Winkeländerungen des Tragseils die lokalen Biegespannungen im Seil zu minimieren. Aufgrund seiner oft komplexen dreidimensionalen Geometrie bietet es sich an, den Sattel aus Gussstahl zu fertigen. Dies ermöglicht außerdem einen harmonischen Übergang in den Mastschaft.

Eine Alternative zu Umlenksätteln sind Laschenverankerungen. Sie leiten im Unterschied zum Umlenksattel die gesamte Seilkraft in den Mastkopf ein. Die Seilkraft schließt sich im Mastkopf mit der gegenüberliegenden Seite kurz und gibt ihren vertikalen Anteil (bei schrägem Mast den Anteil in Achsrichtung des Masts) an den Mastschaft ab. Diese Verankerungen, die in der Regel aus Blechen zusammengeschweißt werden, erfordern aufgrund der großen Kräfte, der komplexen Geometrie und der oft beengten Platzverhältnisse eine hohe planerische Sorgfalt, um einen einwandfreien Transfer der Kräfte sowie einen perfekten Zusammenbau und gute Schweißbarkeit zu gewährleisten.

Hängerseile
Offene Spiralseile eignen sich für den Einsatz als Hängerseil, da diese wesentlich geringer belastet sind als Tragseile. Sie bestehen in der Regel aus 7, 19, 37, 61 oder 91 Runddrähten und werden mit einem Durchmesser von 10 bis zu 36 mm hergestellt. Offene Spiralseile haben eine geringere Steifigkeit als vollverschlossene Seile, insbesondere wenn sie in Edelstahl ausgeführt sind. Aufgrund der geringeren Belastung können die Endbeschläge auf die offenen Spiralseile aufgepresst

38

39

34 Tragsystem einer Hängebrücke
35 selbstverankerte Hängebrücke, Glacisbrücke, Minden (D) 1994, schlaich bergermann und partner
36 Seilklemme Hängerseil mit Umlenkung
37 Seilklemme mit Bolzenverbindung und Endbeschlag
38 Gabelseilhülse
39 zylindrische Vergusshülse

40

41

40 Verankerung der Seile am Überbau mittels
   Gabelfitting
41 Tragseilverankerungen am Überbau mit Hänger-
   seilen, die an Querträgern verankert sind
42 Seilendverbindungen
   a zylindrische Vergusshülse mit Außen- und
     Innengewinde
   b Gabelfitting
   c Gabelspannschloss
   d Ösenfitting
   e Gewindefitting
43 Tragseilumlenkung über Gusssattel in
   Widerlager

werden. Die notwendige Press- bzw. Verankerungslänge beträgt etwa das Siebenfache des Seildurchmessers und führt zu dem länglichen Erscheinungsbild der Fittings. Man unterscheidet zwischen Gabel-, Ösen- und Gewindefittings (Abb. 42). Falls ein Nachstellen notwendig ist, kann ein zusätzliches Spannschloss eingebaut werden. Dabei ist auf eine entsprechende Sicherung der Spannschlösser zu achten.

Der Anschluss der Hängerseile an das Tragseil erfolgt über Seilklemmen (Abb. 36 und 37, S. 49). Diese bestehen aus zwei Halbschalen, die mit vorgespannten Schrauben auf das Tragseil geklemmt und damit gleitfest verbunden werden. Die Höhe der Vorspannung richtet sich nach den zu übertragenden Tangential- bzw. Rutschkräften. Bei vertikalen Hängern nehmen diese mit der Neigung des Tragseils zu, d. h. die in Mastnähe gelegenen Klemmen, die in der Regel an die höchstbelasteten Hänger anschließen, haben die größten Rutschkräfte. Bei stark unterschiedlichen Rutschkräften ist es sinnvoll, die Querschnitte der Hängerklemmen abzustufen. Da diese Klemmen oft als Gussteile ausgeführt werden, muss man jedoch abwägen, ob sich die auf-

wendige Anfertigung neuer Gussmodelle lohnt oder doch durchgängig die gleiche Klemme zum Einsatz kommen sollte.
Vor der Wahl einer geeigneten Hängerverankerung ist zu prüfen, ob eine Längenkorrektur der Hängerseile vorgenommen werden muss. Hierbei sollte man beachten, dass diagonale Hänger wesentlich empfindlicher gegenüber Längenänderungen der Tragwerksteile sind als vertikale Hänger. Außerdem hängt die Wahl der Hängerverankerung davon ab, ob beim Zuschnitt der Hänger bereits Ungenauigkeiten beim Brückenbau bekannt sind und entsprechend berücksichtigt werden müssen und ob die noch zu erwartenden Langzeitverformungen (z. B. Kriecheffekte der Seile oder des Betonüberbaus) genügend genau vorhergesagt und berechnet werden können. Schlussendlich muss der Ingenieur immer im Einzelfall abwägen, ob eine nicht verstellbare, feste Verankerung ausreicht oder es eines Spannschlosses bedarf.
Am Überbau können die Hängerseile über eine einfache Laschen-Bolzen-Verbindung (Abb. 40) oder über Umlenkpoller angeschlossen werden. Letzteres funktioniert allerdings nur mit zweischnittigen Hängerschlaufen, die auch über die Tragseilklemme geführt werden. Während ein

Gewindefitting nachstellbar ist, sind alle anderen genannten Verbindungen starr und ermöglichen keinen Längenausgleich. Eine spezielle Art der Verankerung ist das Durchschlaufen der Hängerseile unter dem Überbau, das aber nur bei symmetrischen oder gegenüberliegenden Anordnungen der Verankerungen möglich ist. Dies erspart zwar die beiden Beschläge und Verankerungen am Überbau, dafür werden aber nicht weniger aufwendige Umlenksättel benötigt, in die das Seil geklemmt wird, um ein Durchrutschen bei einseitiger Belastung zu vermeiden.

Tragseilverankerungen
An den Widerlagern und Abspannpunkten oder auch am Überbau müssen die Seile so verankert werden, dass die Zugkräfte sicher in den Baugrund oder den Überbauquerschnitt eingeleitet werden können. Dies ist entweder mit Bügelböcken, die mit Spanngliedern auf Betonsockel gespannt werden, oder über eingebaute oder angeschweißte Stahlteile im Widerlager oder im Überbau möglich. Bei in der Höhe minimierten Querschnitten von Betonüberbauten steht oft nicht sehr viel Platz zur Verfügung, sodass die Einleitung der Kräfte nur über eine grö-

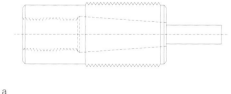

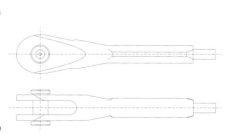

a

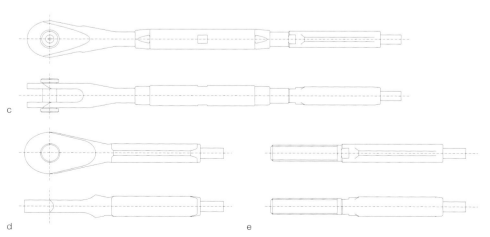

c

42 b

d

e

43

ßere Länge erfolgen kann. Dies gelingt mittels sägezahnartiger Stahlleisten, die für eine solche kontinuierliche Krafteinleitung sorgen.

Durch Schlaufenverankerungen lassen sich zwei Seilendverankerungen einsparen, allerdings sind Umlenksättel mit entsprechenden Öffnungen in den Widerlagern zum Durchfädeln der Seile notwendig (Abb. 43).

Bei der Wahl der Tragseilverankerungen ist zu beachten, dass bei einer Laschenverbindung und beim Durchschlaufen ein Nachstellen nicht möglich ist. Sollte dies erforderlich sein, muss ein zylindrischer Ankerkopf mit Unterlegscheiben oder eine Bügelbockverankerung gewählt werden.

Masten, Pylone

Der Mast erhält im Wesentlichen Druckkräfte von den Tragseilen, sodass Knickstabilitätsfragen die Dimensionierung bestimmen. Bei geneigten Masten ist der Biege- und Verformungsanteil aus dem Eigengewicht zu berücksichtigen. Er kann in Verbindung mit den großen Druckkräften zu einer wesentlichen Vergrößerung der Spannungen führen (Theorie II. Ordnung). Durch eine geschickte Vorkrümmung lassen sich die Biegemomente aus Eigengewicht durch die Momente aus Vorkrümmung und Druckkraft ausgleichen.

Druckstabile oder knicksichere Querschnitte müssen möglichst steif sein. Deshalb eignen sich aus statisch-konstruktiver und wirtschaftlicher Sicht Hohlprofile am besten, da sie möglichst viel Material mit größtmöglichem Abstand vom Schwerpunkt aufweisen, und so einen großen Trägheitsradius $i = \sqrt{I/A}$ (Trägheitsmoment I, Querschnittsfläche A) haben. Sofern offene Profile gewählt werden, erhöht sich der Materialeinsatz deutlich, um einen identischen Trägheitsradius, d.h. die gleiche Knickstabilität, zu erreichen.

Auch aufgelöste Querschnitte verfolgen dieses Prinzip der maximalen »Materialauslagerung«. Sie sind in der Herstellung aufwendiger, wirken aber gegenüber Hohlprofilen konstruktiver, manchmal jedoch optisch unruhiger.

Die Beanspruchung des Masts entspricht dem Verlauf einer zigarrenförmigen Parabel. Eine Dreiteilung des Masts in einen konischen Abschnitt jeweils an der Mastspitze und am -fuß sowie einen mittleren Bereich mit konstantem Querschnitt zeichnet diesen Verlauf mit vertretbarem Aufwand nach. Der Mast wird visuell verschlankt und seine Funktion als Pendelstab verdeutlicht.

Frei stehende Masten können entweder durch Abspannungen oder durch die Tragseile selbst stabilisiert werden. Sofern nur zwei Seile den Mast festigen, muss gesichert sein, dass bei einer Auslenkung des Masts immer Rückstell- und keine Abtriebskräfte durch die Seile entstehen, sodass der Mast wieder in seine Ausgangslage zurückgezogen wird. Zu erreichen ist dies, indem der Drehpunkt des Masts unterhalb einer gedachten Linie der beiden Seilverankerungen liegt (Abb. 44, S. 52).

Bei drei Seilen oder auch bei einer gegenseitigen Stabilisierung zweier Masten mit Verbindungsriegeln tritt diese Problematik nicht auf. Dort können Horizontalkräfte direkt über die Abspannseile oder über die Rahmenwirkung abgetragen werden.

Die gelenkige Lagerung des Masts kann über eine Kugel am Ende des unteren konischen Teils erfolgen (Abb. 45, S. 52). Diese Kugellagerung erlaubt größere Winkeländerungen, was vor allem bei der Montage von Vorteil ist, wenn der Mast aus der Vertikalen in seine endgültige Schräglage geneigt werden muss. Alternativ lassen sich auch Lager wie z. B. Kalotten- oder Neotopflager einset-

zen. Diese eignen sich aber nur bedingt für die gelenkige Lagerung und erfordern oft einen ähnlichen Durchmesser wie der Mast selbst, was die Verjüngung des Masts zum Fußpunkt hin verhindert und ihn schwerfällig wirken lässt.

Abspannfundamente und die Widerlager, an denen die Haupttragseile des Masts verankert sind, müssen für Zug- und Horizontalkräfte ausgelegt werden. Dafür dienen unverrückbare Schwergewichtsfundamente. Durch das benötige große Volumen sind sie jedoch eher unwirtschaftlich.

Anker oder Pfähle bilden oft die bessere Lösung, weil sie die Kräfte im Boden verankern und der angrenzende Erdkörper aktiviert werden kann. Haben die Zuganker einen robusten Korrosionsschutz erhalten und erweisen sie sich nach einer Prüfung im eingebauten Zustand als stabil, können sie als Daueranker ohne Einschränkung eingesetzt werden.

Überbau

Die Dimensionierung des Überbaus erfolgt gemäß den Beanspruchungen und oft auch entsprechend den zulässigen lokalen Verformungen. Überlegungen zur Montage sind hierbei ebenso einzubeziehen wie die Beurteilung der dynamischen Eigenschaften. Bei einer beidseitigen Aufhängung muss der Überbau nicht torsionssteif sein, auch die Anforderungen an die Biegesteifigkeit des Querschnitts sind gering, da das Seiltragwerk die nötige Steifigkeit bietet. Es genügt eine einfache Platte, die entweder als reiner Betonquerschnitt oder als kombinierter Querschnitt aus Stahlträgern mit aufgelegter dünner Betonplatte ausgeführt wird. Letzteres hat den Vorteil, dass die Stahlträger mit dem Seiltragwerk vormontiert und in einem zweiten Schritt die Betonelemente als Voll- oder Halbfertigteile aufgelegt werden können.

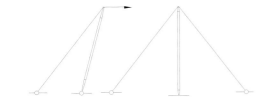
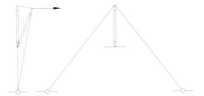
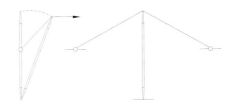

44 a
b

45

46

Bei selbstverankerten Hängebrücken ist der Querschnitt druckbelastet, deshalb benötigt der Überbau eine axiale Steifigkeit. Hier bieten sich reine Betonquerschnitte an, die durch den Kurzschluss der Seilkräfte druckbelastet werden. Dieser Druck wirkt positiv, da die Zugspannungen aus Biegung reduziert werden und der Querschnitt nicht so schnell aufreißt. Der große Nachteil einer selbstverankerten Hängebrücke ist – wie bereits erwähnt – ihre Montage. Der Überbau wird zunächst komplett auf einem Lehrgerüst hergestellt, erst dann kann er in das Seiltragwerk eingehängt werden. Eine segmentweise Herstellung und der Zusammenschluss des Überbaus in der Luft ist nur dann möglich, wenn die Tragseile temporär rückverankert werden, wie dies in spektakulären Bildern vom Bau großer Hängebrücken oft zu sehen ist.

Bei einer Hängebrücke muss der Überbau Horizontalkräfte aufnehmen können, und es dürfen keine zu großen Relativverschiebungen zwischen Seiltragwerk und Überbau auftreten, was zu einer Schrägstellung der Hänger führen kann.
Wenn der Festpunkt an einem der Widerlager gewählt wird, dann führt das dazu, dass am anderen Widerlager sehr große Längsverschiebungen auftreten und dies bei rückverankerten Lösungen zu den genannten Relativverschiebungen zwischen Seiltragwerk und Überbau führen kann. Deshalb ist gerade bei größeren Spannweiten oft eine schwimmende Lagerung des Überbaus sinnvoll.
Bei der schwimmenden Lagerung gibt es keinen ausgewiesenen Festpunkt, die Brücke verformt sich frei und die horizontalen Längskräfte müssen durch Aktivierung von Rückstellkräften im Seiltragwerk kompensiert werden. Ein Vorteil dieser Lagerung ist, dass der Ruhepunkt, auch elastischer Festpunkt genannt, nahe der Brückenmitte zum Liegen kommt. Von

dort aus bewegt sich die Brücke in beide Richtungen und die Verformungswege des Überbaus halbieren sich. Bei einer schwimmenden Lagerung ist grundsätzlich darauf zu achten, dass der Überbau nicht zu große Pendelbewegungen macht. Zur Begrenzung können Anschläge vorgesehen werden, die auch eventuelle außergewöhnlich große Längsverformungen z. B. durch sehr viele Fußgänger oder gar Erdbeben verhindern.
Insbesondere bei einseitigen Verkehrslasten verformen sich Hängebrücken sehr stark und das Tragseil verschiebt sich horizontal in Richtung der Belastung. Dies lässt sich vermeiden, indem man den Überbau in Brückenmitte mit dem Tragseil horizontal unverschieblich verbindet und er somit als Haltestab für das Tragseil fungiert. Dadurch wird die Horizontalverschiebung des Tragseils behindert und die vertikalen Verformungen verringern sich ebenfalls. Bei diesen Tragseilverankerungen am Überbau ist aber zu berücksichtigen, dass Differenzkräfte aus dem Tragseil in den Überbau eingeleitet werden, weshalb eine entsprechende Klemmung des durchlaufenden Seils nötig ist. Außerdem funktioniert dies nur, wenn der Überbau einen Festpunkt zur Aufnahme der Horizontalkräfte hat und nicht schwimmend gelagert ist.

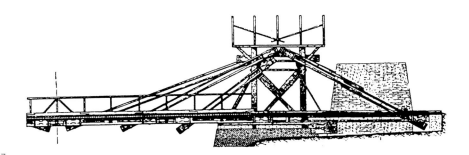

47

44 Stabilisierung des Masts durch unterschiedliche
  Abspannungen
  a abgespannter Mast
  b frei stehender Mast. Der Mast kippt, wenn das
    Mastfundament oberhalb der Seilverankerung
    liegt. Befindet sich das Mastfundament unter-
    halb der Seilverankerung, bleibt er stabil.
45 Aufsetzen des Masts auf das Kugelgelenk
46 Mast mit Umlenksattel und Kugelgelenk, Glacisbrücke, Minden (D) 1994, schlaich bergermann
  und partner
47 abgespanne Holzbrücke von Carl Immanuel
  Löscher, 1784
48 Anordnung der Schrägkabel in Längsrichtung
  a Harfenanordnung
  b Fächeranordnung
  c Halbharfenanordnung
  d asymmetrische Anordnung

Schrägseilbrücken

Historie

Schon im 18. Jahrhundert gab es im Brü-
ckenbau Überlegungen, auskragende
Systeme durch schräge Stangen oder
Seile abzuspannen. Der erste bekanntge-
wordene Entwurf einer abgespannten
Holzbrücke stammt von Carl Immanuel
Löscher aus dem Jahr 1784 (Abb. 47).
Anfang des 19. Jahrhunderts entwickelte
Claude Louis Navier Schrägseilsysteme,
die schon zwischen einer strahlenförmigen
(Fächer) und einer parallelen (Harfe)
Anordnung der schrägen Abspannungen
unterschieden. Allerdings wurden nur
sehr wenige reine Schrägkabelbrücken
realisiert. Meist handelte es sich um kombinierte Hänge-/Schrägkabellösungen
wie z. B. bei der Albert Bridge über die
Themse in London (1872) oder der Brooklyn Bridge in New York (1883).
Dass erst Mitte des 20. Jahrhunderts die
ersten reinen Schrägkabelbrücken gebaut
wurden, liegt daran, dass diese im Hinblick
auf Bautoleranzen empfindlicher reagieren
als Hängekonstruktionen. Geringe Längen-
fehler machen sich direkt bemerkbar und
führen zu stark unterschiedlichen, kaum
beherrschbaren Kräften in den schrägen
Abspannungen und zu Überbeanspru-
chungen im Überbau.

Diese Probleme sind inzwischen durch
verbesserte Herstellungsmöglichkeiten
behoben und Schrägkabelbrücken werden mittlerweile sehr effizient und wirtschaftlich im Freivorbau hergestellt. Dies
führte in den letzten Jahrzehnten zu einer
rasanten Entwicklung der Spannweiten,
die mittlerweile bis zu 1100 m bei Großbrücken erreichen.

Funktion

Bei Schrägseilbrücken ist der Überbau
direkt von einem Pylon oder Mast mit
schräg verlaufenden und gespannten
Seilen oder Kabeln abgehängt. Damit
gehören sie streng genommen zur Kategorie der Fachwerkbrücken, denn sie setzen sich aus einzelnen Dreiecken zusammen, mit einer konsequenten Trennung
von Zug- (Schrägseile) und Druckelemen-
ten (Überbau, Pylon). Durch diese Fach-
werkwirkung sind sie auch wesentlich
steifer als Hängebrücken.
Die Schrägkabel können in Form einer
Harfe oder als Fächer angeordnet werden, wobei die Fächeranordnung sowohl aus wirtschaftlichen als auch aus
konstruktiven Gründen günstiger ist
(Abb. 48). Bei der idealen Fächeranordnung treffen sich alle Schrägkabel in
einem Punkt, was zu einer Konzentration

der Verankerungen am Mastkopf führt.
Eine saubere konstruktive Umsetzung ist
aufgrund der Größe der Verankerungen
nicht möglich, außer man ordnet diese
nebeneinander an, was jedoch zu großen
Mastköpfen führt.
Bei der parallelen Anordnung der Schrägkabel – der Harfenlösung – erhält der
Mastschaft eine wesentlich höhere Beanspruchung, da die Kabel in unterschiedlichen Höhen angreifen. Deshalb
hat sich vor allem die sogenannte Halb-
harfe durchgesetzt. Hier werden die
Schrägseilverankerungen gegenüber
der Harfe in Richtung Mastkopf zusam-
mengeschoben und lassen sich bei
geringer Biegebeanspruchung des Masts
gut verankern.

Da Fußgängerbrücken wesentlich geringere Lasten abtragen müssen, sind auch
Sonderformen der Mastgeometrie und
der Seilverankerungen technisch möglich. Masten können stark asymmetrisch
positioniert, geneigt oder aufgespreizt
werden. Sie bilden mitunter sogar einen
Bogen oder sind geknickt. Mit unterschiedlicher Höhenlage der Seilverankerungen lassen sich interessante geometrische Formen erzeugen, allerdings
führen solche extravaganten Anordnungen zu höheren Kräften und folglich
höherem Materialeinsatz. Bei einem gekrümmten Mast und einer Harfenanordnung muss die Kraft aus den Schräg-
kabeln mit der Umlenkkraft, die sich aus
der Krümmung des axial beanspruchten
Masts ergibt, im Gleichgewicht stehen,
sonst erhält der Mast erhebliche Biegemomente, die er nur durch einen verstärkten Querschnitt aufnehmen kann.

Während klassische Schrägkabellösungen
bei Großbrücken durch ihre gewaltigen
Dimensionen imposant aber dennoch
wohlproportioniert wirken, entsteht bei
den viel kleineren Fußgängerbrücken oft

a

c

48 b

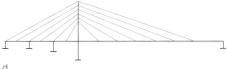

d

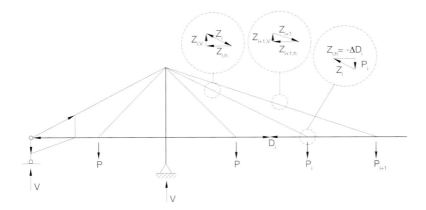

$Z_{i,V}$ Z_i $Z_{i,h}$ $Z_{i+1,V}$ Z_{i+1} $Z_{i+1,h}$ $Z_{i,h} = -\Delta D_i$ Z_i P_i

P P D_i P_i P_{i+1}

V V

49

49 Tragsystem einer Schrägseilbrücke
50 Schrägseilbrücke mit seitlich der Fahrbahn stehendem Pylon, Brücke über den Hoofdvaart-Kanal, Hoofddorp (NL) 2004, Santiago Calatrava
51 Mastkopf mit Verankerung der Schrägseile, Passerelle des deux Rives, Straßburg (F) 2004, Marc Mimram
52 Verankerung der Schrägseile am Überbau, Brücke über den Hoofdvaart-Kanal

ein linearer und statischer Eindruck. Grund hierfür ist u. a. die strenge Geometrie. Flüssigere und organischere Formen sind gefälliger und wirken ansprechender. So ordnet man die klassische Schrägkabelbrücke eher dem Großbrückenbau zu und nicht den kleineren, weniger strengen Fußgängerbrücken.
Verlässt man allerdings diese bekannte Anordnung von Mast, Überbau und Seilen und geht von der Zweidimensionalität in die Räumlichkeit, dann können auch mit Schrägkabellösungen sehr interessante und ansprechende Strukturen entstehen (siehe Gekrümmte Brücken S. 60ff.).

Tragelemente
Schrägkabel
Die Neigung der Schrägkabel sollte nicht weniger als 20° betragen. Bei kleineren Durchmessern lassen sich die Schrägseile als offene Spiralseile, bei größeren Durchmessern als vollverschlossene Seile realisieren. Die im Großbrückenbau üblichen Litzenseile, ein Bündel aus vielen siebendrähtigen Litzen, sind zwar möglich, haben aber den Nachteil, dass die Verankerungen recht aufwendig sind, da jede Litze einzeln mit Keilen verankert werden muss. Dies führt zu großen Dimensionen der Verankerungen, wodurch

bei den kleinen Fußgängerbrücken die nötige Maßstäblichkeit verloren geht. Bei sehr langen Seilen kann der Seildurchhang zu einem Steifigkeitsabfall führen. Bei Spannweiten unter 100 m und einer entsprechend hohen Spannung im Seil spielt dies aber bei den dünnen Seilen der Fußgängerbrücken eine untergeordnete Rolle.
Die Seile sind in der Regel nachstellbar, um Toleranzen auszugleichen und um die richtige Seilkraft zu justieren. Dies ist deshalb wichtig, weil sich bei Längenfehlern nicht nur in den Seilen, sondern auch im Überbau stark veränderte Beanspruchungen einstellen können.
Neben einer beidseitigen Aufhängung sind auch einseitige oder mittige Seilebenen möglich. Bei einer geraden Brücke mit nur einer Seilebene muss der Überbau über eine ausreichende Torsionssteifigkeit verfügen. Gekrümmte Brücken mit nur einer Seilebene können die Krümmung nutzen, um die Torsion in Biegung umzuwandeln. Hier kann man auf aufwendige Kastenquerschnitte verzichten und offene Querschnitte wählen, die dann jedoch eine erhöhte Biegesteifigkeit haben müssen.

Überbau
Der Überbau muss aufgrund der schrägen Seile Druckkräfte aufnehmen, weshalb bei der Planung auf eine ausreichende axiale Steifigkeit zu achten ist. Aus konstruktiver und wirtschaftlicher Sicht eignen sich massive Betonplatten oder auch Verbundquerschnitte besser als reine Stahlquerschnitte, da sie durch die schrägen Seile eine günstige externe Vorspannung erhalten.
Schrägkabelbrücken können im Freivorbau am Mast beginnend nach beiden Seiten hin hergestellt werden, was ein großer Vorteil gegenüber Hängebrücken ist. Die Montage erfolgt entweder mit Vollfertigteilen, die eingehoben werden,

50

51

oder mit Halbfertigteilen, die nach Fertigstellung mit Ortbeton zu ergänzen sind. Bei Verbundquerschnitten montiert man zuerst die Längsträger aus Stahl, anschließend wird die Verbundplatte aufbetoniert oder die Konstruktion mit Fertigteilen ergänzt. Diese Bauweise ist sehr wirtschaftlich und zeitsparend.

Massive Holzquerschnitte eignen sich ebenfalls als Überbau, da die Stöße der einzelnen Überbauelemente auf Druck beansprucht werden. Sie lassen sich als Kontaktstoß ausführen, was im Holzbau wesentlich einfacher herzustellen ist als Zugstöße. Der aktive Holzschutz erfolgt meist durch eine Blechabdeckung.

Auch Glas würde sich aufgrund seiner hohen Druckfestigkeit gut für den Überbau eignen, allerdings führen Gehflächen aus Glas insbesondere bei Nässe zu Problemen mit der Rutschfestigkeit. Deshalb findet man Glasbrücken in der Regel nur im Innenbereich. Wenn Glaspaneele ausgewechselt werden müssen, erfolgt dies entweder über eine zeitweilige Stützung oder die Druckkräfte müssen auf temporäre Druckelemente umgelenkt werden.

Der Seilabstand am Überbau sollte so gewählt werden, dass in den Schrägseilen keine zu großen Kräfte auftreten und dies nicht zu überproportional großen Seilquerschnitten führt. Abstände von 3 bis 5 m sind hierbei nicht nur wirtschaftlich, sie können den Seilebenen auch eine optische Flächigkeit verleihen, die insbesondere bei gekrümmten und einseitigen Anordnungen interessante dreidimensionale Geometrien erzeugt. Diese Abstände erlauben einen schlanken Überbau mit einer Bauhöhe zwischen 30 und 50 cm. Bei größeren Seilabständen muss der Überbau in der Lage sein, durch eine größere Längssteifigkeit die Lasten zu den Schrägseilen zu übertragen. Die Lastabtragung in

Querrichtung wird für die Konstruktionshöhe des Überbaus erst dann maßgebend, wenn die Breite der Brücke 5–6 m überschreitet.

Die Verankerungen der Seile am Überbau und am Mast können entweder über eine Bolzen-Laschen-Verbindung erfolgen oder sie werden über Knaggen oder Rohre befestigt (Abb. 52). Im Mastkopf ist grundsätzlich auch eine Umlenkung möglich, allerdings ist es sehr aufwendig, die Vielzahl der Seile über spezielle Umlenksättel zu führen, sodass diese Art der Verankerung bei Fußgängerbrücken sehr selten vorkommt. Sofern das Seil selbst keine Nachstellmöglichkeiten hat – z.B. in Form eines Spannschlosses –, müssen diese an den Verankerungen zum Überbau durch Auffüttern mit Unterlegscheiben oder justierbaren Schraubverbindungen vorgesehen werden.

Masten und Pylone

Die Beanspruchung des Masts hängt von seiner Lagerung und der Anordnung der Seilverankerungen ab. Bei einer gelenkigen Lagerung am Mastfuß und einer konzentrierten Verankerung der Seile am Mastkopf als Fächer, treten im Mast nahezu ausschließlich axiale Kräfte auf (Abb. 51). Wird der Mastfuß eingespannt, verringert sich zwar die Knicklänge des Masts, allerdings ergeben sich durch die Einspannung insbesondere bei asymmetrischen Verkehrslasten Biegemomente, die diesen Vorteil wieder zunichtemachen können. Ebenso ist es bei einer Einspannung nicht möglich, den Mastfuß konisch auszuführen, wodurch er klobiger wirkt. Sofern die Seilverankerung am Mastkopf wie bei einer Harfenanordnung auseinandergezogen ist, erfährt der Mast eine zusätzliche Biegebeanspruchung, weil die Seilkräfte sich verteilen. Für die Querschnitte der Pylonen und Masten von Schrägkabelbrücken gilt

das Gleiche wie für Hängebrücken. Bei den Formen reichen die Möglichkeiten vom frei stehenden Mast über Pylone in H- oder A-Form. Bei der H-Form besteht die Möglichkeit, die Seilebenen vertikal anzuordnen, allerdings werden die Querlasten über die Rahmentragwirkung abgetragen. Bei der A-Form mit geneigten Seilebenen hingegen erfolgt dies wesentlich effizienter über eine Art Bock, der von den Maststielen gebildet wird.

Lagerung

Schwergewichtsfundamente oder Zuganker bzw. -pfähle nehmen wie bei Hängebrücken die vertikalen Zugkräfte an den Brückenenden auf. Die äußeren Längskräfte werden entweder zu Festpunkten an Widerlagern oder über eine Lagerung am Pylon oder Mast abgetragen. Schwimmende Lagerungen, bei denen es keinen ausgewiesenen Festpunkt gibt, sind eher unwirtschaftlich, da die horizontalen Längskräfte über die Schrägseile zum Mastkopf und dann über die Biegung des Masts nach unten in die Fundamente eingeleitet werden und somit einen weiten Weg zurücklegen müssen. Außerdem muss der Mast eine ausreichende Biegesteifigkeit aufweisen.

52

53

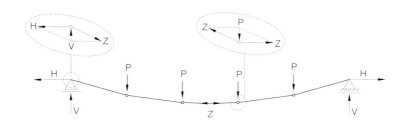

54

Spannbandbrücken

Historie

Spannbandbrücken aus Naturfasern haben im asiatischen und amerikanischen Raum Tradition. Die älteste heute noch existierende mehrfeldrige Spannbandbrücke ist die An-Lan-Brücke im Südwesten Chinas. Sie soll vor 960 n. Chr. gebaut worden sein und verfügt über eine für damalige Verhältnisse unglaubliche Gesamtlänge von ca. 300 m, in acht Felder mit Einzelspannweiten von bis zu 60 m. Sie hängt an zehn dicken Bambusseilen, die beidseitig durch Holzleitern geführt werden (Abb. 53). Später waren es die Inkas in Südamerika, die den Bau von Spannbandbrücken weiterentwickelten. In Peru spannte sich eine Brücke mit aus Weidenruten geflochtenen Seilen 45 m weit über die Schlucht des Apurímac. In den folgenden Epochen wurden dann eher Hängebrücken bevorzugt, da die Spannbandbrücken wegen ihrer starken Neigung jeweils an den Enden mühsam zu begehen waren. Erst mit der Entwicklung des zähen und hochfesten Stahls im 19. Jahrhundert kam es wieder verstärkt zum Bau von Spannbandbrücken. Die heutigen modernen Spannbandbrücken bestehen aus einem oder mehreren Zugsträngen aus Spanngliedern oder Spannbändern. Wegen des charakteristischen Durchhangs in der Mitte ist diese Konstruktion besonders für Fußgängerbrücken geeignet, da bei ihnen die Auf- und Abbewegungen der Brücke nicht zwangsläufig als störend empfunden werden (Abb. 56).

Funktion

Das Tragverhalten von Spannbandbrücken ist dem von rückverankerten Hängebrücken sehr ähnlich. Der Unterschied besteht darin, dass das Zugglied bzw. das Spannband direkt als Gehfläche verwendet wird. Die Kraft F im Spannband ist abhängig von der Spannweite l, der verteilten Last q und vom Durchhang f. Mit dem Durchhang f und der Spannweite l lässt sich die maximale Steigung an den Enden der Brücke ermitteln. Wie Abb. 55 zeigt, besteht eine lineare Abhängigkeit zwischen dem Stich und der Steigung und auch zwischen dem Stich und der Kraft im Spannband – dort allerdings umgekehrt proportional. Anders ausgedrückt bedeutet dies, dass sich bei einer Verdopplung der Steigung auch der Stich verdoppelt, die Kraft aber halbiert und sich folgende Gleichungen ergeben:

$$s = \frac{4 \cdot f}{l} \ [\%]$$

$$F = \frac{q \cdot l^2}{8 \cdot f} \ [kN]$$

s   Steigung [%]
f   Durchhang [m]
l   Spannweite [m]
F   Kraft im Spannband [kN]
q   Last [kN/m²]

Bei Fußgängerbrücken sind in der Regel Steigungsverhältnisse von bis zu 6 % azeptabel. Damit ergibt sich ein f/l-Verhältnis von 0,06/4 = 1/67. Vergleicht man dies mit dem für Hängebrücken empfohlenen f/l-Verhältnis von ca. 1/10, dann wird deutlich, dass dieser Brückentyp wesentlich höhere Kräfte abzutragen hat, die aufwendig verankert werden müssen. Spannweiten von bis zu 130 m sind mit diesen Stichverhältnissen zwar möglich, erfordern aber sehr große Spannbandquerschnitte und gewaltige Fundamentkonstruktionen. Dies ist z. B. an der Millennium Bridge in London deutlich sichtbar, bei der es sich zwar nicht um eine Spannband-, aber um eine Hängebrücke mit vergleichbarem Stichverhältnis handelt. Der Überbau ist an vier stählernen Seilen mit einem Durchmesser von jeweils 120 mm abgehängt. Die Mittelspannweite beträgt 130 m bei einem Stich von ca. 2,30 m.

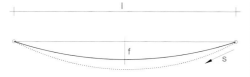

Kräfte im Spannband [kN]
q = 10 kN/m² auf 1 m Breite bezogen

s [%]	l [m]			
	20	40	60	100
4 %	2500	5000	7500	12500
6 %	1667	3333	5000	8333
8 %	1250	2500	3750	6250
10 %	1000	2000	3000	5000
12 %	833	1667	2500	4167

55

56

Spannbänder können über ein oder über mehrere Felder geführt werden. Mehrfeldrige Systeme haben, genau wie mehrfeldrige Hänge- und Schrägkabelbrücken, ihre eigene Charakteristik. Es sind sehr wirtschaftliche Konstruktionen, da das Spannband mit konstanter Kraft durchläuft und sich die Aufwendungen für die Widerlager nicht von denen einfeldriger Spannbandbrücken unterscheiden (Abb. 54). Allerdings entstehen durch die feldweise Belastung unterschiedliche Kräfte in den Spannbändern. Bei sehr steifen Stützen überträgt sich die Kraft auf die Stütze und übt keinen Einfluss auf die Nachbarfelder aus. Dies führt zu kräftigen, manchmal schwerfällig wirkenden Stützen, die über eine Einspannung im Fundament die Differenzkräfte abtragen müssen. Ist die Stütze weich und gibt am Kopf nach, überträgt sie die Kraft auf die benachbarten Felder. Durch diese Nachgiebigkeit der Stützen ergeben sich auch größere Verformungen in den Feldern, was bei Fußgängerbrücken im Gegensatz zu Großbrücken eher toleriert werden kann. Dennoch darf die Gebrauchstauglichkeit nicht beeinträchtigt werden, d.h. Verformungen und Beschleunigungen sind auf ein vernünftiges Maß zu begrenzen. Spannbandbrücken können feldweise im Grundriss abgeknickt werden. Durch den Knick entstehen in Höhe des Spannbands Horizontalkräfte, die durch massive oder aufgelöste Rückhaltekonstruktionen abgeleitet werden können.

Verformungen, Drehungen
Während symmetrische und zum Eigengewicht affine Lasten moderate Verformungen hervorrufen, sind sie bei asymmetrischen Lasten wesentlich größer. Die Verformungen setzen sich aus der Seildehnung und einem großen dehnungslosen Anteil zusammen, vergleichbar mit einer durchhängenden Kette, die bei einer Punktlast mit Verformungen ohne Kraftzu-

wachs – also dehnungslos – reagiert. Die Verformung hängt davon ab, wie hoch die Kräfte im Spannband sind – je höher die Zugkraft, desto geringer die Verformungen, ähnlich einer schweren Kette, die sich bei gleicher Punktlast und gleicher Geometrie weniger verformt als eine leichte.

Aussteifung
Spannbandbrücken verfügen über wenig Eigendämpfung und neigen deshalb zu vertikalen Schwingungen. Daher ist es sinnvoll, einen eher schweren Überbau zu wählen. Hierfür eignen sich z.B. Betonplatten oder auch Granitsteinelemente, um damit das Verhältnis von anregender Masse (Fußgänger) zu schwingender Masse (Brücke) – auch modale Masse genannt – günstig zu beeinflussen und die Anregbarkeit zu reduzieren.
Eine andere Möglichkeit, die Brücke zu stabilisieren, bietet eine Unterspannung wie z.B. bei der Spannbandbrücke am Triftgletscher (Abb. 58; siehe auch S. 102f.). Hierbei erhält das Spannband durch die schräg nach unten führende Unterspannung nicht nur mehr Gewicht, sondern auch mehr Kraft und bekommt dadurch eine erhöhte Steifigkeit. Bei steigender Last wird die Kraft über die Unterspannung sukzessive abgebaut, während sie im Spannband nur unterproportional ansteigt. Sobald auf die Unterspannung keine Kräfte mehr einwirken, trägt das Spannband die Lasten wieder herkömmlich ab, nur mit geringeren Verformungen (Abb. 57). Mit derartigen Systemen lassen sich interessante und auch sehr wirtschaftliche Konstruktionen für große Spannweiten entwickeln, es dürfen jedoch keine zu hohen Anforderungen bezüglich Verformung und Steigung gestellt werden. Oft helfen Geländerkonstruktionen, die durch Reibung zur Dämpfung beitragen, oder dämpfend gelagerte Überbauplatten, das Schwingungsverhalten der Brücke zu verbessern. Denn es sollte in jedem

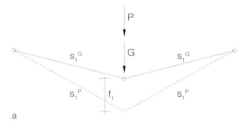

a

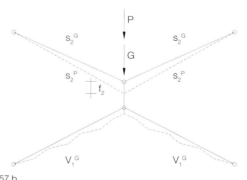

57 b

58

59

Fall vermieden werden, die schlanke Silhouette einer Spannbandbrücke durch additive Schwingungstilger zu beeinträchtigen oder gar zu zerstören.

Querschnitte

Grundsätzlich gibt es verschiedene Möglichkeiten, Gehplatte und Spannband zu kombinieren.

Integrierte Lösung

Bei der integrierten Variante ist der Überbau selbst als Spannband konzipert, das die Zugkräfte aufnehmen kann. Während sich Stahl und Holz gut dafür eignen, benötigt Beton eine Verstärkung mit Spanngliedern. Betonquerschnitte lassen sich stufenweise herstellen: Zuerst hängt man die Überbausegmente in Form von Halbfertigteilen an die Spannglieder und vergießt sie anschließend mit Ortbeton zu einem kontinuierlichen Band. Nach Erhärten des Betons werden weitere Spannglieder eingezogen und vorgespannt, sodass die Zugkraft über den vorgespannten Betonquerschnitt abgetragen wird. Der Vorteil gegenüber einer Lösung mit komplett vorgefertigten Platten ist die fugenlose Oberfläche, sodass unter der Brücke keine Gefahr von Eiszapfenbildung durch herabtropfendes Wasser

besteht, was bei der Überbrückung von Verkehrswegen ein wichtiger Aspekt ist. Spannstähle werden endlos hergestellt und für den Transport auf Haspeln aufgewickelt, dadurch ist vor Ort der Einbau in einem Stück möglich. Die Verankerung an den Widerlagern erfolgt durch herkömmliche Spannanker.

Beim Einsatz von Holz oder Stahl können Überbausegmente als Ganzes eingehoben und verankert werden. Sofern aus Transportgründen Stöße außerhalb des Auflagerbereichs notwendig werden, muss z. B. eine kontinuierliche temporäre Stützung dafür sorgen, dass der Stoß beim Schließen keine Horizontalkräfte abtragen muss.

Additive Lösung

Bei der additiven oder auch aufgelegten Lösung werden die Überbausegmente aus Beton oder Stein auf Stahlbänder gelegt (Abb. 59). Dabei halten Elastomerkissen die Segmente so auf Distanz, dass die Platten sich bei Verformung der Brücke nicht gegenseitig beschädigen. Sie wirken zudem dämpfend, was bei den dynamisch anfälligen Spannbandbrücken vorteilhaft ist. Die Verankerung der Stahlbänder erfolgt meist über aufgeschweißte Endplatten, die in Widerlagern aus Beton verankert sind.

Mischformen

Neben der reinen Spannbandbrücke gibt es auch Mischformen aus Spannband- und Balkenbrücke. Abhängig von den Steifigkeiten kann man zwei Arten der Lastabtragung unterscheiden: zum einen über die Balkenwirkung des Überbaus und zum anderen über die Hängewirkung des Spannbands. Die unterschiedlichen Lastabtragungen lassen sich anhand eines dicken und eines dünnen Bands mit gleicher Geometrie und Belastung verdeutlichen: Das dicke Band trägt deutlich mehr Lasten über Biegung ab, verfügt dafür aber über geringere Zugkräfte an den Auflagern, während das dünne Band große Zugkräfte aufweist, aber dafür wenig Biegung abträgt. Durch gezieltes Vorspannen kann die Verteilung des Eigengewichts gesteuert werden. Unter Verkehrslast übertragen sich die Belastungen entsprechend der vorhandenen Steifigkeiten. Das Lastabtragungsverhalten kann dann nur durch Änderungen des Querschnitts oder der Geometrie beeinflusst werden.
Die Spannbandbrücke bei Essing/ Deutschland ist ein Beispiel für eine kombinierte Lösung (Abb. 60). Sie wurde in mehreren Teilstücken angeliefert, eingehoben und nach Fertigstellung vorgespannt. Die beidseitig des Main-Donau-Kanals angeordneten Stützen ermöglichen einen harmonischen Übergang vom Hauptfeld in die Seitenfelder und schaffen so eine Art Festpunkt, der eine horizontale Verschiebung des Kopfs verhindert. Damit werden Verformungen und Biegung im Überbau begrenzt.
Außerdem lassen sich Spannbänder mit Bogentragwerken kombinieren. Führt man Spannbänder über Bögen, kann die Bogengeomtrie so gewählt werden, dass sie dem Abrollradius entspricht. Der Bogen übernimmt dabei nur die Funktion eines vertikalen Zwischenauflagers, das Spannband läuft durch und gibt keine größeren

60

59   Spannband, additive Lösung
60   Kombination aus Balken- und Spannbandbrücke,
     Brücke über den Main-Donau-Kanal, Essing (D)
     1986, Richard J. Dietrich; Brüninghoff und Rampf
61   Betonvoute bei Spannbandbrücke
62   Voutung einer Spannbandbrücke über eine Blatt-
     feder

Horizontalkräfte an den Bogen ab.
Anders verhält es sich, wenn das Spannband Teil eines auskragenden Systems
ist: In diesem Fall müssen größere Kräfte
zwischen Schrägstiel und Zugband übertragen werden (Abb. 56, S. 56). Bei diesen Systemen lässt sich die Kraft im
Spannband nur durch die Geometrie
und die Eigengewichtslast steuern, das
Stichmaß ergibt sich von selbst aus dem
Eigengewicht des Spannbands und der
vorhandenen Zugkraft aus dem Krag-
system. Durch das Zusammenführen von
Druck- (Schrägstiel) und Zugelement
(Spannband) gleichen sich die Horizontalkräfte aus und der Baugrund wird im
Wesentlichen nur vertikal belastet, was
sich als großer Vorteil erweisen kann.

Umlenkung

Die kritischen Punkte bei Spannbandbrücken sind die Übergänge vom Spannband zu den Auflagern. Spannbänder
haben eine sehr geringe Biegesteifigkeit
und neigen nicht nur bei asymmetrischen
Lasten zu größeren Verformungen, sondern auch bei Längenänderungen durch
Temperaturwechsel, Kriechen und
Schwinden.
Besonderes Augenmerk ist deshalb auf
die Verankerung des Spannbands in den
Widerlagern und – bei mehrfeldrigen Brücken – auf die Umlenkung des Bands an
den Stützen zu legen. Verformt sich das
Spannband, dann tritt an der Einspannstelle des Bands ein Knick auf, der durch
die großen Zugkräfte zu sehr großen lokalen Biegebeanspruchungen führt. Um das
zu vermeiden, wird das Spannband entweder über einen Sattel geführt oder man
bildet eine Voute aus und minimiert damit
die Biegebeanspruchung aus der Krümmung (Abb. 61 und 62).
Über einen Sattel kann sich das Spannband kontrolliert abrollen. Durch die Wahl
eines geeigneten Sattelradius lässt sich
die Biegespannung, die sich im Band

einstellt, gezielt steuern. Die Länge des
Sattels hängt vom Radius ab, der Radius
wiederum wird von der Dicke des Bands
bestimmt. Je dünner das Spannband ist,
desto kleiner kann der Radius gewählt
werden und umso kompakter fällt der
Umlenksattel aus. Allerdings muss der
Querschnitt des Spannbands immer in
der Lage sein, auch die auftretenden
Zugkräfte aufzunehmen. Deshalb sind
hier Materialien besonders geeignet, die
eine sehr hohe Zugfestigkeit aufweisen
und damit sehr dünn ausgebildet werden
können. Forschungen an der TU Berlin
beschäftigen sich z. B. mit dem Einsatz
von weniger als 1 mm dicken hochfesten
Kohlestoffbändern für Spannbandbrücken
(Abb. 15, S. 31).
Wird eine Voute gebildet, verstärkt sich
der Spannbandquerschnitt zum Auflager hin sukzessive. In einem iterativen
Prozess wird der Verlauf der Voute so
gewählt, dass die Beanspruchung aus
Last und Verformung mit der Beanspruch-
barkeit des Querschnitts zusammen-
passt. Diese Lösung eignet sich allerdings nicht für die additive Variante, da
hier Spannband und Gehfläche voneinander getrennt sind. In diesem Fall wird
das Spannband entweder mit darunter-
liegenden Lamellen ähnlich einer Blatt-
feder verstärkt oder mit einem Abrollsattel
ausgestattet, der die Krümmung des
Bands vorschreibt.

Lagerung

Die Fundamente von klassischen Spannbandbrücken müssen in der Lage sein,
große Horizontalkräfte aufzunehmen.
Bewährt haben sich Fundamentblöcke,
die mit Dauerankern oder Mikropfählen
im Baugrund verankert werden. Beide
Systeme lassen sich mit sehr flachen
Neigungen herstellen, was dazu beiträgt,
dass die Horizontalkräfte mit möglichst
geringen Verankerungskräften abgetragen werden können.

61

62

63

Gekrümmte Brücken

Historie

Gekrümmte Brücken haben eine vergleichsweise junge Geschichte. Innovative Ingenieure wie der Schweizer Robert
Maillart experimentierten schon in der
ersten Hälfte des 20. Jahrhunderts mit
den Eigenschaften des frei formbaren
Betons und entwickelten die ersten gekrümmten Brücken (Abb. 63). Nach dem
Zweiten Weltkrieg entstanden mehrere
solcher Brücken mit kleinen Spannweiten, aber erst in den letzten beiden
Jahrzehnten wagten sich die Ingenieure
an größere Spannweiten mit Hänge- oder
Bogenkonstruktionen heran. Die rasante
Entwicklung der gekrümmten Fußgängerbrücken begann 1988 mit dem Bau
einer Hängebrücke über den Rhein-Main-
Donau-Kanal in Kelheim. Dank neuer
Softwaretools und Berechnungsverfahren
war es fortan möglich, das Interesse auf
dieses junge Genre des Brückenbaus mit
all seinen funktionalen und strukturellen
Gestaltungsmöglichkeiten zu lenken und
es zu etablieren. Der folgende Abschnitt
beschäftigt sich im Wesentlichen mit mittleren und größeren Spannweiten, da einfache, eng gestützte gekrümmte Brücken,
eher den Balkenbrücken zuzurechnen
sind und keine wesentlichen Besonderheiten aufweisen.

Funktion

Anders als bei Straßen- und Bahnbrücken
ist es bei Fußgängerbrücken möglich,
freie Formen mit einer gekrümmten Linienführung und engeren Radien zu wählen.
Der Überbau kann geschickt an eine vorhandene Wegeführung oder Geländeform
angepasst werden, woraus sich die unterschiedlichsten Grundrissformen ergeben.
Der entwerferische Spielraum ist groß,
weil nicht nur Überbauten gekrümmt,
sondern auch Masten geneigt, Bögen
schräggestellt und Seile räumlich geführt
werden können – ja sogar müssen –, um

die Gleichgewichtsbedingungen mit
vertretbarem Aufwand einzuhalten.
Eine flüssige, fußgänger- und radfahrer-
gerechte Linienführung führt oft dazu,
dass abgehängte Brückendecks nur einseitig gestützt bzw. aufgehängt werden
können, um das Lichtraumprofil nicht zu
verletzen. Dies hat aber erhebliche Auswirkungen auf den Entwurf, sei es bei der
Wahl des Brückenquerschnitts oder bei
den Lagerungsbedingungen.

Bei gekrümmten Brücken unterscheidet
man zwischen zwei Prinzipien: Entweder wird der Überbau durch ein Primärtragwerk in Form einer Hänge- oder
Bogenkonstruktion gestützt oder das
Primärtragwerk ist in den Überbau integriert. Beide Prinzipien unterliegen völlig
unterschiedlichen statischen Gesetz-
mäßigkeiten.
Bei der Anordnung eines externen Primärtragwerks erfährt der Überbau bei
beidseitiger Lagerung keine größeren
Beanspruchungen, er kann wie ein beidseitig gestützter Querschnitt betrachtet
werden. Wird die Brücke aber einseitig
exzentrisch aufgehängt, dann entsteht ein
sogenanntes lokales Krempelmoment. Es
ergibt sich aus der Exzentrizität zwischen
Aufhängepunkt und Schwerpunkt des
Überbaus. Dieses Krempelmoment muss
vom Querschnitt des Überbaus aufgenommen werden.
Ganz anders verhält es sich, wenn der
Überbau Teil des Primärtragwerks ist.
Das Tragverhalten entspricht dann vielmehr dem eines gekrümmten Balkens,
der über seine Biege- und Torsionssteifigkeit die Lasten abträgt. Als Beispiel dafür
lassen sich gekrümmte biege- und torsi-
onssteife Fachwerkröhren anführen, die
in der Lage sind, die auftretenden Tor-
sionsmomente auch über größere Spannweiten abzutragen. Noch weiter aufgelöste Querschnitte wie bei der Passerelle
La Défense in Paris arbeiten mit einer

klaren Trennung der Tragwerksfunktionen
(Abb. 67 und 68). Die vertikale Lastabtragung erfolgt über ein nach außen geneigtes Fachwerksystem, dass sich aus
mehreren vertikalen Masten und schrägen Abspannungen zusammensetzt.
Die durch die Krümmung auftretenden
horizontalen Kräfte an den Mastköpfen
werden über eine senkrechte Stabilisierung der Seile zu einem unten liegenden
Zugring und zum Überbau geführt, dort
gesammelt und zu den Widerlagern
transportiert. Obwohl das Tragwerk das
Tragverhalten exakt nachzeichnet und
die Geometrie optimiert wurde, wird
dennoch ein biege- und torsionssteifer
Stahlhohlkasten für den Überbau benötigt, um auch nicht geometrieaffine Belastungen aufnehmen zu können.

Kreisringträger

Besonders interessant sind die Kreisring-
trägerbrücken, bei denen der Überbau
im Grundriss kreisförmig ausgeführt und
einseitig aufgehängt wird, da sie die zu
erwartenden Krempelmomente sehr effizient abtragen. Beim Kreisringträger kann
man sich den Umstand zunutze machen,
dass eine im Grundriss gekrümmte Platte
allein mit einseitig angeordneten Einzel-
stützen stabil gehalten werden kann,
während eine gerade, einseitig gelagerte
Platte mit nur einer Stützenreihe kippt. Bei
einem geraden Verlauf ist neben einer Ga-
bellagerung auch ein torsionssteifer Überbau nötig. Bei einem gekrümmten Träger
ist es möglich, das Krempelmoment in
ein horizontales Kräftepaar umzuwandeln
und die horizontalen Kräfte über eine
Ringwirkung zu sammeln. Ähnlich dem
Tragseil einer Hängebrücke oder dem
Druckbogen einer Bogenbrücke können
sie dann ohne Querbiegung abgetragen
werden. Auf diese Art und Weise lässt
sich die Grundrisskrümmung nutzen, um
effizient die Auswirkungen der exzentri-
schen Lagerung zu kompensieren.

Ausbau

Der Ausbau von Fußgängerbrücken umfasst zum einen konstruktive Elemente wie Beläge, Geländer, Dehnfugen, Entwässerung und Lager. Zum anderen spielen auch gestalterische Aspekte eine Rolle, z. B. die Farb- oder Materialwahl. Insbesondere bei Belägen und Geländern stehen Konstruktion und Gestaltung in enger Abhängigkeit. Der Einsatz von Mobiliar und Beleuchtung betont darüber hinaus funktional-ästhetische Aspekte einer Brücke und trägt zu ihrer Inszenierung bei.

Belag

Die Wahl eines geeigneten Belags für Rad- und Fußgängerbrücken ist durch die Konstruktion der Brücke eingeschränkt oder sogar vorgegeben. So kommt z. B. für ein reines Betontragwerk in der Regel kein Holzbelag infrage, und eine Glaskonstruktion wird eher selten eine Laufplatte aus Beton erhalten. Einzelne Baustoffe lassen jedoch einen größeren Gestaltungsspielraum zu, Stahlkonstruktionen können z. B. sinnvoll mit Beton-, Holz- oder sogar Glasbelägen kombiniert werden.

Folgende Kriterien sind bei der Wahl einer geeigneten Oberfläche für die Laufplatte einer Brücke zu berücksichtigen:

- Nutzung: Die primäre Nutzung der Brücke spielt bei der Wahl eines geeigneten Gehbelags eine große Rolle. Vorab muss geklärt werden, ob die Brücke ausschließlich von Fußgängern oder auch von Radfahrern, Pferden oder Dienstfahrzeugen passiert wird. Ist die Brücke überdacht, kommen andere Gehbeläge infrage als bei offenen Konstruktionen.
- Material: In den meisten Fällen bestimmen die Primärkonstruktion, die Art der Nutzung oder wirtschaftliche Aspekte die Materialität des Belags oder schränken die Auswahl erheblich ein. Eine überlegte Materialwahl, z. B.

einheimisches Holz oder Naturstein, kann darüber hinaus einer Brücke eine besondere Note verleihen.
- Rutschsicherheit: Zur sicheren Nutzung der Brücke muss die Oberfläche rutschfest ausgeführt werden, insbesondere wenn die Brücke der direkten Witterung ausgesetzt ist oder die Laufplatte eine Längsneigung aufweist. Angaben hierzu sind z. B. in BGR 181 »Fußböden in Arbeitsräumen und Arbeitsbereichen mit Rutschgefahr« oder im »Merkblatt über den Rutschwiderstand von Pflaster und Plattenbelägen für den Fußgängerverkehr« der Forschungsgesellschaft für Straßen- und Verkehrswesen (FGSV) zu finden.
- Abriebresistenz: Besonders bei Brücken, die durch Radfahrer oder Dienstfahrzeuge genutzt werden, muss die Oberfläche resistent gegen maschinellen Abrieb sein.
- Masse: Die Laufplatte hat durch ihre Masse Einfluss auf das dynamische Verhalten der Brücke. In Einzelfällen ist eine schwere Laufplatte aus Beton statisch sinnvoll, um Schwingungen zu reduzieren.
- Transparenz: Durch die Verwendung von begehbarem Glas oder Gitterrosten als Bodenbelag eröffnen sich spannende Möglichkeiten, die der Brücke bei der Überquerung eine zusätzliche »Dimension« verleihen können. Außerdem sorgt eine geschickte Beleuchtung für die Inszenierung der Brücke bei Nacht.
- Farbe: Dünnschichtbeläge auf Epoxydharzbasis, Beläge aus eingefärbtem Asphalt oder Kunststoff ermöglichen eine farbliche Gestaltung der Laufplatte in nahezu allen Farbtönen.

Beton

Konstruktionen, die mit einer Laufplatte aus Beton versehen sind, benötigen keine weitere Beschichtung. Dabei muss die

Oberfläche jedoch zur Gewährleistung der erforderlichen Rutschsicherheit mit einem speziellen Besen aufgeraut werden, dem sogenannten Besenstrich (Abb. 1, S. 66). Durch die fehlende Schutzschicht steigen jedoch die Anforderungen an die Betonqualität. Dies ist durch die Expositionsklassen geregelt, die Anforderungen an die Haltbarkeit von Beton in Abhängigkeit von den möglichen Einwirkungen festlegen.
Konstruktive Probleme können auftreten, wenn die Betonplatte z. B. als massiver Gehbelag, der auch das dynamische Verhalten verbessern kann, auf einem Stahlhohlkasten angeordnet ist und ein wasserdichter Anschluss zur angrenzenden Stahlkonstruktion gewährleistet werden muss. Üblicherweise ergänzt daher ein Dünnschichtbelag Laufplatten aus Beton und übernimmt Rutschsicherheit, Betonschutz, Abdichtung und farbliche Gestaltung.

Stahl/Aluminium

Metallische Oberflächen beispielsweise von orthotropen Platten oder Hohlkästen können ohne zusätzliche Beschichtung ausgeführt werden (Abb. 2, S. 66). Dabei ist allerdings zu beachten, dass die Rutschsicherheit zwar durch entsprechende Bleche wie z. B. Maden- und Rillenblech oder Gitterroste gewährleistet werden kann, sich jedoch der zumeist erforderliche Korrosionsschutz durch den mechanischen Abrieb im Gebrauch abnutzt.
Die Verwendung von Edelstählen, witterungsbeständigen Stählen oder Aluminium kann diese Gefahr zwar ausschließen, kommt in den meisten Fällen jedoch aus Kostengründen nicht in Betracht. Eine Ergänzung der metallischen Oberflächen durch Dünnschichtbeläge sorgt für Rutschsicherheit und vermeidet gleichzeitig eine Beschädigung des Korrosionsschutzes.

Dünnschichtbeläge

Reaktionsharzgebundene Dünnbeläge dienen der Abdichtung und dem Schutz von Stahl- oder Betonoberflächen. In Deutschland ist durch die Bundesanstalt für Straßenwesen (BASt) die Anwendung derartiger Beläge auf Betonoberflächen (Oberflächenschutzsysteme – OS-F) durch »Zusätzliche technische Vertragsbedingungen und Richtlinien für Ingenieurbauten (ZTV-ING), Teil 3: Massivbau, Abschnitt 4: Schutz und Instandsetzung von Betonbauteilen« geregelt. Für die Anwendung auf Stahloberflächen (Dünnbeläge) gilt »ZTV-ING, Teil 7: Brückenbeläge, Abschnitt 5: Reaktionsharzgebundene Dünnbeläge auf Stahl«. Dünnbeläge bestehen üblicherweise aus drei Schichten: Grundierung, hauptsächlich wirksame Oberflächenschutzschicht (hwO) sowie Deckversiegelung, und sind insgesamt ca. 4–5 mm dick. Eine Quarzsandeinstreuung gewährleistet die Rutschsicherheit. Durch eine entsprechende Einfärbung lassen sich die Beläge mittlerweile in nahezu allen Farbtönen herstellen, wodurch farbliche Akzente gesetzt werden können. Helle Beläge sind allerdings anfällig gegenüber Verschmutzung und sichtbaren Bremsstreifen z. B. durch Fahrräder. Um Abplatzungen oder größere Fehlstellen zu vermeiden, sind die Anforderungen an den Untergrund, z. B. Haftfähigkeit des Betons, und die Umgebungsbedingungen wie Luftfeuchte und Temperatur bei der Herstellung zu beachten.

Asphalt

Fahrbahnbeläge aus (Guss-)Asphalt werden auf Unterkonstruktionen aus Beton und Stahl aufgebracht (Abb. 4). Als Abdichtung kommt dabei meist Bitumen zum Einsatz, vgl. »ZTV-ING Teil 7: Brückenbeläge«, Abschnitte 1–4. Die Belagsdicke beträgt dabei im Regelfall ca. 8 cm, bestehend aus 0,5 cm

Abdichtung, 3,5 cm Schutzschicht und 4 cm Deckschicht. In Einzelfällen können jedoch auch Dicken von ca. 4–5 cm realisiert werden. Solche Beläge führen allerdings zu einem erheblichen Zusatzgewicht, was sich insbesondere bei leichten Brücken nachteilig auswirken kann. Wie auch bei Dünnschichtbelägen lässt sich die Oberfläche von Gussasphalt durch Einfärben farblich gestalten. Des Weiteren ist zu beachten, dass Gussasphalt eine Einbautemperatur von ca. 180–220 °C hat. Der mit dem Aufbringen des Asphalts verbundene Temperatureintrag kann daher einen bemessungsrelevanten Lastfall für die Gesamtkonstruktion darstellen.

Holz

Elemente aus Holz müssen, insbesondere wenn sie der Bewitterung ausgesetzt sind, möglichst allseitig belüftet sein, um Schimmelbildung oder Holzfäule zu vermeiden (konstruktiver Holzschutz). Diese Anforderung ist Voraussetzung für die Verwendung von Holzbelägen und impliziert, dass Brückenbeläge aus Holz zumeist nur auf offenen Konstruktionen wie Trägerrosten oder Fachwerkträgern Anwendung finden. Anschlussdetails müssen sorgfältig geplant werden, um insbesondere schlecht belüftete Bereiche oder Zonen mit stehendem Wasser zu vermeiden.
Bei der Anordnung der Holzelemente sind sowohl die maximal verfügbaren Abmessungen als auch die Nutzung zu berücksichtigen: Längs angeordnete Bohlen stellen unter Umständen eine Gefahr für Radfahrer und Inline-Skater dar, weil sie zu Stürzen führen können, wenn die Räder in den Fugen einfädeln. Bei bewitterten und geneigten Flächen muss die vergleichsweise schlechte Rutschsicherheit von nassem Holz bedacht werden. Es empfiehlt sich in jedem Fall eine Anordnung der Bohlen

4

5

6

quer zur Laufrichtung. Gegebenenfalls sind zusätzliche rutschhemmende Maßnahmen erforderlich, so kann z. B. die Oberfläche in Streifen genutet werden, die mit Quarzsandeinstreuungen und einer Epoxidharzverfüllung versehen sind (Abb. 3).
Durch seine Farbveränderung aufgrund der natürlichen Alterung belebt Holz eine Konstruktion und somit auch das Erscheinungsbild der Brücke.

Glas

Beläge aus Glas ermöglichen nicht nur besondere Durchblicke bzw. Raumeindrücke, beispielsweise bei der Überbrückung einer Schlucht, sondern die transparente Oberfläche betont zudem die Leichtigkeit einer Konstruktion (Abb. 7). Darüber hinaus kann die Laufplatte bei entsprechender Anordnung der Leuchtmittel angestrahlt werden, wodurch sich zusätzliche gestalterische Effekte erzielen lassen.
Für die Ausführung von derartigen begehbaren Verglasungen ist in Deutschland eine Zustimmung im Einzelfall (ZiE) durch das Deutsche Institut für Bautechnik (DIBt) in Berlin erforderlich. Neben Stoßversuchen führt das DIBt auch umfangreiche Versuche zur Resttrag-

fähigkeit durch. Damit ist sichergestellt, dass auch bei Bruch einzelner Scheiben die Belagselemente nicht aus ihrer Verankerung rutschen und herabfallen können. Die Entscheidung zugunsten eines Glasbelags kann jedoch bereits im Entwurf Auswirkungen auf die Primärkonstruktion haben, da die Glasscheiben nur kleine lokale Differenzverformungen zulassen und eine Auswechselbarkeit gegeben sein muss. Außerdem ist die erforderliche Rutschsicherheit zu gewährleisten, insbesondere von geneigten oder sogar bewitterten Oberflächen.

Naturstein

Die Verwendung von Naturstein als Gehbelag kann, ebenso wie Holz, einer Brücke eine besondere gestalterische Note verleihen (Abb. 5). Durch eine sorgfältige Auswahl des Steins lässt sich im städtebaulichen oder sogar historischen Kontext ein Bezug zum Ort herstellen. Eine klassische Verlegung im Mörtelbett ist jedoch für leichte bzw. dynamische Konstruktionen nicht anzuraten, da durch die Verformungen der Brücke unter Wind- oder Verkehrslasten in den Fugen Dauerhaftigkeitsprobleme entstehen können, die die Dichtigkeit der Oberfläche beeinträchtigen.

Bei einer Verwendung mit offenen Fugen gibt es diesbezüglich keine Einschränkungen, jedoch muss in diesem Fall die Entwässerung der Oberfläche genau überdacht werden. Die Anordnung einer zweiten, wasserführenden Schicht unterhalb der steinernen Oberfläche ist wartungstechnisch schwierig. In Einzelfällen ist eine direkte Entwässerung durch die Fugen möglich, nicht jedoch bei der Verwendung von Tausalzen im Winter, oder wenn herabfallende Eiszapfen zu einer Gefährdung führen könnten.

Kunststoff

Kunststoffoberflächen sind normalerweise bei Leichtathletik-Sportanlagen zu finden. In Einzelfällen kommen sie aber auch als Gehbelag auf Fußgängerbrücken zum Einsatz und eröffnen durch Einfärbung zusätzliche gestalterische Möglichkeiten (Abb. 6).
Sie bestehen meist aus zwei Schichten, der Elastikschicht aus Gummigranulat und der Nutzschicht aus EPDM-Granulaten, sowie dem Bindemittel Polyurethan. Ihre weiche Oberfläche prägt das Gehempfinden bei der Überquerung der Brücke – ein Umstand, der gewollt sein und zu dem jeweiligen Bauwerk passen muss.

7

1   Betonbelag mit Besenstrich, Alfenzbrücke, Lorüns (A) 2011, Marte.Marte Architekten; H + G Ingenieure
2   metallische Oberfläche, Fußgängerbrücke, Hotton (NL) 2002, Ney + Partners
3   Holzbelag mit Quarzsandeinstreuungen, Laufgrabenbrücke, Brabant (NL) 2011, RO&AD Architecten; H. E. Lüning
4   Asphaltbelag, Brücke Nordbahnhof, Stuttgart (D) 1993, Planungsgruppe Luz, Lohrer, Egenhofer, Schlaich
5   Natursteinplatten als Belag, Fehrlesteg, Schwäbisch Gmünd (D) 2011, schlaich bergermann und partner
6   Kunststoffbelag, Brückenskulptur »Slinky springs to fame«, Oberhausen (D) 2011, schlaich bergermann und partner mit Tobias Rehberger (Künstler)
7   Gehweg aus Glas, Quarto Ponte über den Canale Grande, Venedig (I) 2008, Santiago Calatrava

8 Vertikalschnitt, Fußgängerbrücke West India
 Dock, London (GB) 1996, Future Systems;
 Anthony Hunt Associates,
 Maßstab 1:20
 a Handlauf Edelstahlrohr Ø 60,3 mm
  mit integrierter Leuchte
 b Geländer aus Flachstahl 60–120/15 mm
  mit Stahlseilen Edelstahl Ø 6 mm
 c Stahlrohr Ø 219 mm halbiert und mit
  Flachstahl 220/12 mm verschweißt
 d Elektrokanal Edelstahl
 e Zwischenlage EPDM 5 mm
 f Bodenplanken aus stranggepressten Alumi-
  niumprofilen mit geschlossenen Kammern und
  integrierter Leitungsführung
 g Bodenleuchte
 h Stahlwinkel 139–425/125/12 mm
 i Stahlrohr Ø 225 mm
9 horizontales Füllstabgeländer aus Edelstahlseilen,
 Fußgängerbrücke West India Dock

10 Geländer als Bestandteil der Primärkonstruktion,
 Fußgängerbrücke, Stalhille (B) 2004, Ney +
 Partners
11 Vertikalschnitt, Brückenmahnmal, Rijeka (CR)
 2004, 3LHD arhitekti; C.E.S. Civil Engineering
 Solutions, Maßstab 1:20
 j Bodenaufbau Brücke:
  Profilblech Aluminium eloxiert, gerippt
  202/40/3,5 mm, Dichtungsbahn Kunststoff
  Epoxid-Teer 5–30 mm
  Hohlkastenträger Stahl 650/5000 mm:
  Ober-/Untergurt 34 mm, Mittelsteg 6× 15 mm
 k Zuglager Stahlgelenk 6× 575/15 mm
 l Schwert mit Rohrführung Flachstahl 10 mm
 m Verblendung Profilblech
  Aluminium eloxiert, gerippt 40 mm
 n Aluminiumprofil ⊔ 75/120 mm
 o Brüstung ESG 19 mm, Auflage PVC
 p LED-Streifen mit Verkleidung Epoxidharz
 q Handlauf Teakholz 112/60 mm
12 Glasgeländer, Brückenmahnmal

Geländer

Brückengeländer dienen in erster Linie
der Absturzsicherung und sind somit
essenzieller Bestandteil einer jeden Fußgängerbrücke. Da sie aber üblicherweise
nicht zum Primärtragwerk gehören, können sie so reduziert wie möglich ausgeführt werden, um das Erscheinungsbild
der Brücke und die Wahrnehmung der
Tragkonstruktion nicht zu beeinträchtigen.
Die Gestaltung des Geländers sollte
zunächst konstruktive und statische
Aspekte berücksichtigen:
· Die horizontale Belastung, auch Holmlast genannt, ist in Deutschland mit
 0,8 kN/m auf der Oberkante des Geländers anzusetzen.
· Der Abstand zwischen benachbarten
 Elementen darf nicht mehr als 120 mm
 betragen, um zu verhindern, dass
 Kinder mit dem Kopf zwischen einzelnen Bauteilen stecken bleiben.
· Bei einer horizontalen Anordnung der
 Füllstäbe muss ein Überklettern auszuschließen sein. Das kann z. B. durch
 einen zusätzlichen, nach innen versetzten Handlauf oder ein Neigen des
 Geländers zur Brücke hin gewährleistet
 werden.
· Die Höhe des Geländers muss die Art
 der Nutzung berücksichtigen: Wird die
 Brücke von Radfahrern oder Reitern
 benutzt, sollte die Brüstung höher sein
 als bei einer reinen Fußgängerbrücke.
 Eine große Absturzhöhe, d. h. eine weit
 über dem Erdboden liegende Laufplatte, erfordert ebenso ein höheres
 Geländer, um die gefühlte Sicherheit
 der Nutzer zu erhöhen.
· Dehnstarre, durchlaufende Geländer-
 elemente sollten in regelmäßigen
 Abständen Dehnfugen zur Vermeidung
 von Zwängungsbeanspruchungen aus
 Temperaturänderungen erhalten.

Ebenso sind gestalterische und funktionale Faktoren bei der Wahl eines geeig-

neten Geländers in Betracht zu ziehen.
So hat besonders die Transparenz eines
Geländers einen großen Einfluss auf das
Erscheinungsbild der gesamten Brücke.
Der Handlauf kann, richtig geformt, zum
Anlehnen und Verweilen einladen oder
sogar Leuchtmittel zur nächtlichen Inszenierung der Brücke aufnehmen. Das
Wichtigste bei der Gestaltung des Geländers ist jedoch, dass sowohl die einzelnen Elemente, aber auch das Geländer
als Ganzes die richtigen Proportionen
aufweisen. Ein Geländer sollte nicht als
notwendiges Übel gesehen werden,
das den Blick auf die Konstruktion beeinträchtigt, sondern vielmehr als integraler,
wenn nicht sogar integrierter Bestandteil
der Brücke.
Im Folgenden werden einige Geländer-
varianten und deren Besonderheiten
vorgestellt.

Vertikale Füllstabgeländer
Ein Geländer mit vertikalen Füllstäben
im lichten Abstand von maximal 120 mm
stellt die häufigste Geländerform dar. Der
planerische Schwerpunkt bei dieser Art
von Geländer liegt in der Reduzierung
der Querschnitte, in der Gestaltung der
Anschlussdetails und in der Integration
des Handlaufs.

Horizontale Füllstabgeländer
Bei einem horizontalen Füllstabgeländer
lässt sich das Überklettern durch einen
zusätzlichen innen liegenden Handlauf
unterbinden oder das ganze Geländer
wird nach innen geneigt (Abb. 8 und 9).
Alternativ dazu kann der untere Bereich
des Geländers bis zu einer Höhe von
60 cm flächig geschlossen werden, oder
es werden dort Füllstäbe so eng angeordnet, dass ein Kinderfuß nicht mehr
dazwischen passt. Der lichte Abstand
muss dabei kleiner als 2 cm sein, worun-
ter jedoch die Transparenz der Konstruktion leiden kann. Bei einer konsequenten

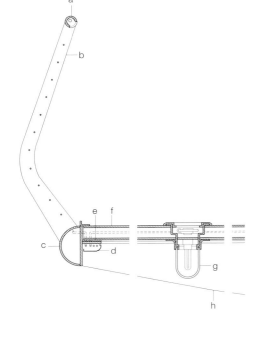

8

9

10

Ausführung betont diese Art des Geländers visuell die Richtung der Konstruktion.

Edelstahl-Seilnetzgeländer

Mit Edelstahl-Seilnetzen können höchst
transparente Geländer realisiert werden.
Die Seile haben einen Durchmesser von
nur rd. 1,5 – 2,0 mm und werden durch
Klemmen rautenförmig miteinander verbunden. Um auch hier ein Überklettern
wirkungsvoll zu verhindern, muss die
Maschenweite so gewählt werden,
dass ein Kinderfuß mit einer Größe von
60 × 40 mm nicht hineingesetzt werden
kann.
Man unterscheidet zwischen Ausfüh-
rungen mit stehenden und liegenden
Maschen. Stehende Maschen ermöglichen bei gleichen Anforderungen an den
Überkletterschutz größere Maschenwei-
ten, betonen mehr die Vertikalität und
schaffen eine noch größere Transparenz.
Seilnetze müssen vorgespannt werden,
um die nötige Steifigkeit senkrecht zur
Ebene zu erreichen. Die Vorspannkraft
beträgt dabei bis zu ca. 0,5 kN/m in
beide Richtungen. Kommen als Begrenzung Randseile und keine biegesteifen
Randträger zum Einsatz, sind bei einem
Durchhang des Randseils von ca. 30 mm
Pfostenabstände von maximal ca. 3 m
realisierbar. Bei biegesteifen Randträgern
kann der Pfostenabstand frei gewählt
werden, wobei Randträger und Geländerpfosten dementsprechend dimensioniert
sein müssen.
Die Randseile bzw. Randträger bestehen
bei Seilnetzgeländern sinnvollerweise
ebenfalls aus Edelstahl, da bei anderen
Materialien der Korrosionsschutz durch
die Reibung des Seilnetzes beschädigt
werden würde.
Während die Zwischenpfosten nur horizontale Kräfte quer zur Gehrichtung
aufnehmen, müssen an den Endpfosten
zusätzlich die Randseile mit ihren Kräften

aus Vorspannung und Holmlast verankert werden. Das erfolgt entweder über
biegesteife Endpfosten, eine Rückver-
ankerung mit Umlenkung des oberen
Randseils oder über eine Abstützung
nach innen mit einem Druckstab. In allen
drei Fällen erfährt der Pfosten eine deutlich höhere Beanspruchung, sodass dessen Querschnitt verstärkt oder ergänzt
werden muss.
Ein großer Vorteil von Seilnetzen ist, dass
sie in der Netzebene und auch senkrecht
dazu ausgesprochen flexibel sind. Damit
lassen sich geknickte Verläufe, Kurven
und Kehren sehr gut mit einem durchgängigen Geländerband ausführen. Außerdem
sind sie sicher gegenüber Vandalismus.

Maschendrahtgeländer

Ein Geländer aus (Edelstahl-)Maschen-
draht ermöglicht eine dem Seilnetz ähnliche Konstruktion und ist auch von seiner
Erscheinung her vergleichbar. Maschendrahtgeländer sind kostengünstiger,
jedoch wird die feine Detaillierung des
Seilnetzes nicht erreicht. Die Maschen
sind immer quadratisch und können keine
Knicke in Netzebene aufnehmen – ein
Nachteil gegenüber den flexibleren Seilnetzen. Zudem besteht die Gefahr, dass
durch die höhere Steifigkeit der Drähte
Deformationen z. B. durch mutwilliges
Treten als Ausbeulung sichtbar zurück-
bleiben.

Glasgeländer

Ganzglasgeländer stellen eine weitere
Möglichkeit dar, die visuelle Beeinträchtigung der Tragkonstruktion auf ein
Minimum zu reduzieren, die Brücke
so schlank wie möglich erscheinen zu
lassen und dem Nutzer darüber hinaus
das Gefühl maximaler Transparenz zu
vermitteln (Abb. 11 und 12). Kommt
die Brücke ohne Handlauf aus und
spiegeln die Glasflächen sehr wenig,
kann sogar der Eindruck entstehen,

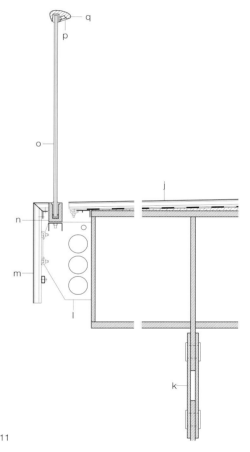

11

12

13

13   Sitzmöbel auf der Brücke, Living Bridge, Limerick
     (GB) 2007, Wilkinson Eyre Architects; Arup

man bewege sich sozusagen im Freien. Glasgeländer bestehen aus Verbundglas mit mindestens zwei Scheiben und einer dazwischenliegenden Verbundfolie. Beim Entwurf und bei der Bemessung sind die »Technischen Regeln für die Verwendung von absturzsichernden Verglasungen« (TRAV) sowie die »Technischen Regeln für die Verwendung von linienförmigen Verglasungen« (TRLV) zu berücksichtigen, die vom DIBt herausgegeben werden. In den meisten Fällen ist jedoch darüber hinaus eine Zustimmung im Einzelfall erforderlich.

Integrierte Geländer

In einigen Fällen ermöglicht der Entwurf der Brücke, die Geländer als Bestandteil der Primärkonstruktion in das Tragwerk zu integrieren. Bei Biegeträgern oder Trogbrücken mit kleinen Spannweiten kann der Obergurt als Handlauf fungieren, während das Geländer durch zahlreiche kleinere Öffnungen als aufgelöster Steg wirkt (Abb. 10, S. 69).
Bei Seil- und Bogenbrücken besteht die Möglichkeit, bei einer regelmäßigen Anordnung der Hängerseile sogar auf Geländerpfosten zu verzichten. Dabei ist auf einen sauberen Anschluss der Geländerrandseile an die Tragseile der Brücke zu achten und zu prüfen, ob die horizontale Kraft durch die Nachgiebigkeit der Hängerseile nicht zu große Verformungen hervorruft. Die Gefahr, dass es dadurch zu einer Überbelastung der Hängerseile kommt, besteht dabei nur selten.

Handläufe

Dem Handlauf eines Brückengeländers kommt eine besondere Bedeutung zu. Neben funktionalen und statisch-konstruktiven Aspekten beeinflussen Eigenschaften wie Proportion und Materialität die Nutzung und das Erscheinungsbild der Brücke. Die Höhe des Handlaufs sollte, ergonomischen Erkenntnissen

folgend, nicht mehr als 1,10 m betragen. Bei Geländern, die höher sind, empfiehlt es sich, einen zusätzlichen Handlauf in 85–90 cm Höhe anzuordnen.
In seiner reduziertesten Form, lediglich als Randseil bei einem Seilnetz- oder Maschendrahtgeländer, trägt der Handlauf maßgeblich zur Transparenz eines Bauwerks bei. Seine Nichtexistenz bei einem Ganzglasgeländer vermittelt dem Nutzer im besten Fall sogar ein Gefühl der Bewegungsfreiheit. Andererseits kann ein Handlauf bei entsprechender Form und Größe sogar einen Aussichtspunkt definieren, der dazu einlädt die Arme aufzustützen und den Blick über die Landschaft oder die Umgebung schweifen zu lassen.
Ein nach innen versetzter zusätzlicher Handlauf stellt rein funktional den geforderten Überkletterschutz sicher oder ermöglicht bei geneigten Laufflächen auch Gehbehinderten die uneingeschränkte Nutzung einer Brücke. Schließlich kann ein Handlauf noch als Träger einer integrierten Beleuchtung dienen, was zum einen eine diskrete und effektive Ausleuchtung der Laufplatte und zum anderen eine nächtliche Inszenierung der Brücke ermöglicht.

Möbel

Durch die Anordnung von Sitzmöbeln auf einer Brücke werden einzelne Bereiche hervorgehoben (Abb. 13).
So laden Bänke, die auch in die Konstruktion integriert werden können, zum Verweilen oder Genießen der Aussicht ein. Die Verwendung unterschiedlicher Bodenbeläge oder verschiedener Höhenniveaus der Laufflläche trägt dazu bei, solche Bereiche zusätzlich zu betonen, aber auch eine Trennung der Laufplatte in Verkehrswege für Radfahrer und Fußgänger zu unterstreichen.
Eine Bepflanzung der Brücke kann im Einzelfall gewünscht sein, um die Nutzer

beispielsweise vor ungewollten äußeren Einflüssen wie Straßenlärm zu schützen. Additive Aufbauten erfüllen bisweilen jedoch auch ganz pragmatisch einen notwendigen Zweck, z. B. dienen sie als Berührschutz einer Oberleitung, wenn die Brücke eine elektrifizierte Bahnlinie überquert.

Dehnfugen

An Widerlagern müssen in Abhängigkeit von der Dehnlänge und dem statischen System der Brücke gegebenenfalls große Verschiebewege aufgenommen werden. Da Dehnfugen bzw. Fahrbahnübergänge genauso wie Brückenlager wartungsintensive Bauteile sind, sollte im Interesse der Dauerhaftigkeit und Robustheit einer Brücke die Möglichkeit einer integralen Konstruktion geprüft werden.

Integrale Ausführung ohne Dehnfugen

Bei einer integralen Konstruktion ist der Überbau monolithisch mit den Unterbauten, also den Widerlagern oder Stützen, verbunden. Die Längsverformungen infolge von Temperaturänderungen werden zu einem großen Teil durch innere Zwängungsspannungen – bei gekrümmten Brücken durch radiale Verformungen – aufgenommen, wodurch sich die Verschiebewege in Längsrichtung an den Widerlagern reduzieren. Im besten Fall ist es möglich, auf Dehnfugen zu verzichten.

Dehnfugen bei kleinen Dehnwegen

Falls die Dehnwege an den Widerlagern eine Größenordnung von ca. 5 mm überschreiten, sollten auch bei integralen Konstruktionen Dehnfugen angeordnet werden. Bei kleinen Dehnwegen von bis zu ca. 10 mm lassen sich kleinteilige Dehnfugen unterschiedlicher Hersteller einbauen (Abb. 15), bei Dehnwegen bis zu 30 mm kommen nahezu wartungsfreie, bituminöse Fahrbahnübergänge nach »ZTV-ING, Teil 8: Bauwerksausstattung,

14 Dehnfuge für mittlere Dehnwege bis ca. 30 mm
   a Widerlager Stahlbeton
   b Dünnschichtbelag
   c bituminöser Fahrbahnübergang
   d Abdeckstreifen
   e Fixierstift
   f Unterfüllung
   g Streifenfundament Stahlbeton
   h Entwässerungsrinne Stahlprofil
15 Dehnfuge für kleine Dehnwege bis ca. 10 mm
   i Überbau Hohlkastenträger Stahl
   j Dünnschichtbelag
   k Dehnfuge aus Neoprene-Profil
   l Randprofil Stahl
16 Übergangskonstruktion für große Verschiebewege, Hubbrücke Innenhafen Duisburg (D) 1999,
   schlaich bergermann und partner
   m Schleppblech
17 Hubbrücke Innenhafen Duisburg

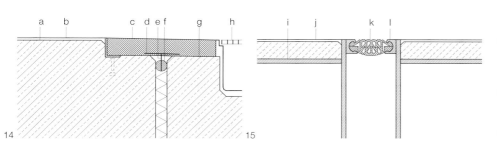

Abschnitt 2: Fahrbahnübergänge aus Asphalt« zum Einsatz (Abb. 14).

Dehnfugen bei großen Dehnwegen

Bei größeren Dehnwegen sollte der Übergang zwischen Brücke und Fahrbahn mit großer Sorgfalt geplant werden, da der Einsatz von entsprechenden Dehnfugen wegen des erhöhten Platzbedarfs meist nicht infrage kommt: Die Bauhöhe der Übergangskonstruktionen von bis zu ca. 40 cm lässt sich zumeist nur schwer mit der Höhe der Laufplatte vereinbaren. Stattdessen sollte in diesen Fällen eine projektspezifische Lösung gefunden werden, bei der z. B. Schleppbleche die Verformungen aufnehmen (Abb. 16 und 17).

Entwässerung

Um die ordentliche Entwässerung einer nicht überdachten Brücke zu gewährleisten, muss die Laufplatte ein Mindestgefälle in Längs- und Querrichtung haben.
Dieses sollte bei einer Brücke, die nicht bereits durch ihre Gradiente ein planmäßiges Gefälle aufweist, 2 % in Längsrichtung nicht unterschreiten. Bei ebenen Betonüberbauten muss beachtet werden, dass sich Kriechverformungen negativ auf

das Längsgefälle auswirken können. Daher ist bei der Herstellung des Überbaus eine sogenannte Überhöhung erforderlich, die die zu erwartenden Verformungen durch eine bereits in der Herstellung veränderte Geometrie kompensiert.
In Querrichtung ist ein Gefälle von ca. 1,5 – 2,5 % notwendig. Um das anfallende Regenwasser von den meist konstruktiv aufwendigen Randdetails, z. B. vom Übergang des Belags zum Seitblech, fernzuhalten, wählt man bei schmalen Überbauten bis ca. 3,50 m Breite ein V-förmiges Gefälle mit Wasserführung in der Mitte der Brücke.
Bei breiteren Überbauten bietet sich die Ausführung eines W-förmigen Quergefälles an, da so das Wasser zum einen vom kritischen Randbereich als auch von der Hauptverkehrsfläche, die zumeist in der Mitte der Laufplatte liegt, ferngehalten werden kann.
Um das anfallende Oberflächenwasser von der Brücke abzuleiten, bieten sich mehrere Möglichkeiten. Eine einfache und kostengünstige Variante stellt die Anordnung von Kastenrinnen hinter den Widerlagern am Übergang zwischen Brücke und Weg dar. Damit kann auf aufwendige Durchdringungen verzichtet werden, die andernfalls in die Laufplatte

oder sogar in den Überbau integriert werden müssten. Die Machbarkeit dieser Variante ist gleichwohl von den Entwässerungslängen und den anfallenden Wassermengen abhängig, wobei eine solche Lösung auch bei kritischen Entwässerungsverhältnissen stets anzustreben ist.
Die Anordnung von Querrinnen oder Einläufen im Bereich des Überbaus ist immer mit aufwendigen und dementsprechend teuren Anschlussdetails verbunden. Dazu kommt, dass eine Entwässerungsleitung unterhalb des Überbaus aus gestalterischen Gründen zumeist inakzeptabel ist, wenn sie nicht nahezu unsichtbar und trotzdem zugänglich im Querschnitt versteckt werden kann.
Eine integrierte direkte Entwässerung über Fallrohre ist nur an den Zwischenunterstützungen des Überbaus möglich. Eine wirtschaftlich und gestalterisch akzeptable Alternative dazu bildet die direkte Entwässerung durch Wasserspeier. Für diese Methode ist jedoch nur in seltenen Fällen mit der Zustimmung der Genehmigungsbehörde zu rechnen, da besonders bei innerstädtischen Brücken aufgrund des Einsatzes von Tausalzen im Winter eine unkontrollierte Entwässerung zumeist verboten ist.

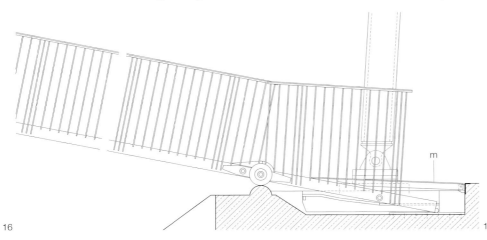

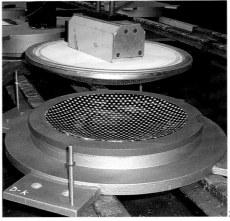

18 19 20

Lager

Überall dort, wo Überbauten oder stützende Bauteile mit den Unterbauten zwängungsfrei verbunden sind, werden im Regelfall Lager eingesetzt. Lager müssen zwei angrenzende Bauteile miteinander kraftschlüssig verbinden und Verschiebungen und/oder Verdrehungen möglichst zwängungsfrei aufnehmen.
In Abhängigkeit von der erforderlichen Beweglichkeit bzw. den notwendigen Freiheitsgraden können Lager fest, einseitig oder allseitig beweglich ausgeführt werden. Da im Brückenbau zumeist von einer eindeutigen Längs- und Querrichtung auszugehen ist, können Freiheitsgrade jeweils in Längs- oder Querrichtung sowie auch in Kombinationen daraus gefordert sein.
Grundsätzlich sind insbesondere klassische Lagerformen wie z.B. Kalotten- oder Gleitlager ähnlich den Dehnfugen wartungsanfällige Sonderbauteile. Für eine möglichst wartungsfreie Konstruktion sollten die Planer eine integrale Lösung bevorzugen. Die konventionellen Lagerkonstruktionen haben mittlerweile eine sehr hohe Zuverlässigkeit und sind bauaufsichtlich zugelassen, wirken aber oft stereotyp. Aus diesem Grund empfiehlt es sich, insbesondere bei den filigranen Fußgängerbrücken andere, gestalterisch befriedigendere Lagerkonstruktionen in Erwägung zu ziehen.
Im Folgenden werden daher neben den klassischen Lagerformen einige Lagertypen vorgestellt, die im Fußgängerbrückenbau zum Einsatz kommen.

Pendellager

Eine gute, stahlbaumäßige Verbindung zwischen Überbau, Stütze und Fundament stellt das (Zug-)Druckpendel dar (Abb. 18). Die gelenkige und durch die Rotation des Pendels verschiebliche Verbindung benachbarter Bauteile bildet ein Bolzenanschluss.

Die Bemessung der Bolzen und Laschen erfolgt auf Grundlage der aktuellen Stahlbaunormung. Als Bolzenmaterial bietet sich z.B. der Vergütungsstahl 34CrNiMo6V an, um die hohen Anforderungen an Festigkeit und Duktilität zu erfüllen, gegebenenfalls ist eine Zustimmung im Einzelfall erforderlich.
Bolzenanschlüsse kommen auch bei Seil- und Zug-/Druckstabverankerungen zum Einsatz. Hier sind Abmessungen, Materialien und der Korrosionsschutz Bestandteile des bauaufsichtlich zugelassenen Zugelements.
Falls eine Gelenkigkeit in mehrere Richtungen gefordert ist, bietet sich gegebenenfalls eine Kombination des Bolzenanschlusses mit Radialgelenklagern an.

Punktkipplager und Kugellager

Feste, gelenkige Lager können ebenso stahlbaumäßig hergestellt werden. Sie sind in der Lage, Winkelverschiebungen aufzunehmen und ermöglichen das Kippen um beliebige Achsen. Durch ein geeignetes Bemessungsverfahren (Hertz'sche Pressung) und mithilfe der Abwälzkinematik von zylindrischen oder kugelförmigen Körpern kann der Kraftfluss anschaulich und kompakt dargestellt werden. Zur Aufnahme horizontaler Kräfte und zur Sicherung der Lage empfiehlt sich die Anordnung von Schubdollen, die passgenau in eine Öffnung greifen und damit eine Verschiebung verhindern.

Klassische Lager

Kalotten-, Radialgelenk- oder Gleitlager sind Beispiele für klassische Lager mit Gleitpaarungen. Diese Art von Lager überträgt Vertikalkräfte in den Brückenunterbau und besteht aus einem gleitfähigen Kunststoff, z.B. PTFE, und einem Lagerunterteil aus (Edel-)Stahl (Abb. 19). Diese Lager müssen in regelmäßigen Abständen inspiziert und gegebenenfalls ausgewechselt werden.

Da diese Bauteile in den meisten Fällen eher funktional als ästhetisch befriedigend gestaltet sind, sollten sie besser bei »versteckten« Anschlüssen wie z.B. Widerlagern zum Einsatz kommen.

Elastomerlager

Bewehrte Elastomerlager werden aus speziellen Rohkautschukmischungen hergestellt. Während des Herstellungsprozesses, dem sogenannten Vulkanisieren, versieht man das Elastomer mit Bewehrungseinlagen aus hochfestem Stahl, die für die notwendige Steifigkeit sorgen. Das Lager kann sowohl Verdrehungen über Stauchung und Dehnung als auch horizontale Verschiebungen über Schubverzerrung aufnehmen (Abb. 20). Bei der Bemessung der Elastomerlager sollten daher sowohl die Auflagerkräfte als auch die vorhandenen Verformungen Berücksichtigung finden. Größere Verschiebungen können durch eine Kombination mit einer zusätzlichen Gleitfläche aufgenommen werden.
Derartige Lager sind zumeist kostengünstiger und auch robuster als die klassischen Lager mit Gleitpaarungen, trotzdem müssen sie gegebenenfalls ausgetauscht werden. Elastomerlager sind aufgrund ihres blockartigen Aussehens für einen Einsatz an gut einsehbaren Anschlüssen weniger geeignet.

Beleuchtung

Fußgängerbrücken werden in der Regel nicht nur tagsüber, sondern auch nachts oder bei Dämmerung genutzt. Deshalb ist es notwendig, die Beleuchtung einer Brücke bereits frühzeitig planerisch zu berücksichtigen: Entweder erfolgt sie indirekt durch Umgebungslicht oder direkt durch integrierte bzw. auf der Brücke angeordnete Lichtquellen.

Die Beleuchtung einer Brücke hat vor allem drei Aufgaben zu erfüllen:

18 Pendellager
19 Kalottenlager übertragen Vertikalkräfte in den
   Brückenunterbau und nehmen Rotationen über
   eine Kalotte und ein konkav geformtes Lagerunterteil auf.
20 Elastomerlager können vertikale Lasten, horizontale Verschiebungen und Verdrehungen um alle
   Achsen aufnehmen.
21 Brücke ohne Beleuchtung, Brückenskulptur
   »Slinky springs to fame«, Oberhausen (D) 2011,
   schlaich bergermann und partner mit Tobias
   Rehberger (Künstler)
22 Brücke mit beleuchtetem Handlauf und integrierter Beleuchtung von unten, Brückenskulptur
   »Slinky Springs to fame«
23 Inszenierung bei Nacht, Aaresteg Mülimatt,
   Windisch (CH) 2010, Conzett Bronzini Gartmann 21

- Beleuchtung der Lauffläche zur
  Gewährleistung einer sicheren Nutzung
  der Brücke
- Erhellung der direkten Umgebung,
  damit entgegenkommende Nutzer
  rechtzeitig erkannt werden können und
  die subjektive Sicherheit erhöht wird
- nächtliche Inszenierung des Bauwerks
  zur Betonung der Gestalt und Tragstruktur und als identitätsbildender
  Bestandteil im städtebaulichen Kontext
  (Abb. 21 und 22)

Die Planung des Beleuchtungskonzepts
ist hochkomplex und sollte von einem
qualifizierten Lichtplaner vorgenommen
werden. Eine wichtige Rolle spielt dabei
die Art der Beleuchtung, die Beleuchtungsstärke, die Integration der Leuchten
in das Tragwerk, deren Stromversorgung
sowie eventuelle Farbkonzepte. Im Folgenden wird daher auf wichtige Aspekte
und Zusammenhänge für die Beleuchtung einer Brücke hingewiesen.

Grundlage der Beleuchtungsplanung
ist DIN EN 13 201 »Straßenbeleuchtung«.
Danach werden Bauwerke anhand
der Menge und Geschwindigkeit der
Verkehrsteilnehmer, der Analyse des
Gefahrenpotenzials und der Umge-
bungsbeleuchtungsstärke in eine Beleuchtungsklasse eingeteilt.
Die Beleuchtungsklasse wird durch eine
Reihe von fotometrischen Anforderungen
definiert wie z. B. Leuchtdichte, Beleuchtungsstärke, Gleichmäßigkeit, Blendungs-
begrenzung und Farbwiedergabe.
In Deutschland arbeitet man mit den
S-Klassen S1–S7 und einer Bewertung
der horizontalen Beleuchtungsstärke. In
anderen europäischen Ländern erfolgt
die Bewertung über die halbsphärische
Beleuchtungsstärke, es gelten die A-Klas-
sen A1–A6. Das Beleuchtungsniveau
zwischen S- und A-Klasse ist jeweils vergleichbar bei S2/A1, S3/A2 usw. Bei 23

den Klassen S7 bzw. A6 am Ende der
Skala handelt es sich um Beleuchtungsklassen mit unbestimmter Anforderung,
d. h. es gibt keine Mindestanforderung an
die Brückenbeleuchtung.

Die ES-Klassen ES1–ES9 sind als zusätzliche Klassen für Fußgängerflächen hinzu-
zuziehen, wenn die Identifizierung von
Personen oder Objekten von Bedeutung
ist, insbesondere in Bereichen mit hoher
Kriminalität. Hierbei wird die halbzylindri-
sche Beleuchtungsstärke Ehz, gemessen
in Lux, bewertet. Auch die EV-Klassen
EV1–EV6 helfen bei der Bewertung dieser
Kriterien. Sie sind für Situationen vorgesehen, in denen vertikale Oberflächen
zu sehen sein müssen, z. B. bei einer
Abschrankung eines Radwegs.

Ausleuchtung der Bewegungsfläche
Durch die Beleuchtung muss die Lauffläche so ausgeleuchtet sein, dass ein
sicheres und zügiges Überqueren der
Brücke möglich ist.
Die eigentliche Wahrnehmung von Bauwerk und Umgebung – und damit die
Eindeutigkeit des Wegs und das subjektive Empfinden der Sicherheit – wird
durch die Beleuchtungsstärke E, gemessen in Lux, und die Leuchtdichte L,

gemessen in Candela/m², bestimmt.
Während die Beleuchtungsstärke die
auf eine Fläche treffende Lichtleistung
erfasst, beschreibt die Leuchtdichte das
von einer Fläche ausgehende Licht. Die
Leuchtdichte ist also das Maß für den
Helligkeitseindruck, den das Auge von
einer leuchtenden oder beleuchteten
Fläche hat.
Wenn beispielsweise bei einer Brücke ein
höheres Beleuchtungsniveau erreicht
werden soll, besteht einerseits die Möglichkeit, mehr bzw. leistungsstärkere
Leuchten einzusetzen und somit die
Beleuchtungsstärke zu erhöhen. Alternativ dazu können die Reflexionseigenschaften des Gehbelags – vor allem wenn
dieser sehr dunkel ist – verbessert werden, indem ein hellerer Boden mit besse-
ren Reflexionseigenschaften eingebaut
und somit die Leuchtdichte erhöht wird.
Die gleichmäßige Ausleuchtung einer
Brücke ist ebenfalls ein wichtiges Krite-
rium. Zum einen erfordern große Hellig-
keitsunterschiede lange Adaptations-
zeiten des menschlichen Auges, zum
anderen können mögliche Gefahren in
dunklen Bereichen nicht oder nur schwer
erkannt werden.
Eine weitere Störung der Wahrnehmung
wird durch Blendung verursacht, und je

24

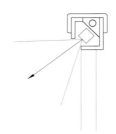

25 a

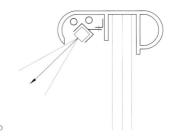

b

nach Intensität der Blendung kann dies zu einer Verringerung des Sehkomforts bis hin zum Ausfall der Sehleistung führen. Bei Querungsbauwerken ist generell durch die Ausrichtung der Leuchten oder eine entsprechende Entblendung dafür zu sorgen, dass der darunter verlaufende Verkehr (Schiff, Auto, Bahn) keine Beeinträchtigung erfährt.

Anpassung der Leuchtdichte

Die Leuchtdichte auf einer Brücke sollte sowohl auf die Nutzer als auch auf die Umgebung abgestimmt sein. Daher ist eine Anpassung an die Umgebungshelligkeit erforderlich, um zu große Differenzen in der Leuchtdichte zu vermeiden. Besonders Objekte oder Gebäude, die sich in Brückennähe befinden, müssen bei der Lichtplanung berücksichtigt werden.

Im innerstädtischen Kontext sind für die Anpassung des Lichtniveaus der Brücke an die Umgebung mitunter Beleuchtungsstärken erforderlich, die deutlich über den Vorgaben der DIN EN 13201 liegen. In einem naturnahen Umfeld dagegen reduziert sich nach Einbeziehung der Umgebung die Brückenbeleuchtung gegebenenfalls auf Orientierungslichter zur visuellen Führung. Oder die Brücke selbst ist komplett unbeleuchtet, während am Anfang und Ende z. B. angestrahlte Bäume oder Kunstwerke den Weg markieren und einen schon aus der Ferne wahrnehmbaren visuellen Anreiz geben. In diesem Zusammenhang ist zu entscheiden, ob über die Brückenbeleuchtung eine architektonische oder sogar künstlerische Wirkung erzielt werden soll. Durch eine farbige Inszenierung kann die Brücke auch zur Orientierung oder Repräsentation dienen.

Leuchtmittel, Leuchte und Befestigung

Die Auswahl der Leuchten hängt primär von der Beleuchtungsaufgabe und der gewünschten Lichtwirkung ab: So kann die Ausleuchtung über flächig abstrahlendes Licht gleichmäßig diffus sein oder die Beleuchtung erfolgt kontrastreich über gerichtetes, punktuell abstrahlendes Licht (Abb. 23, S. 73). Darüber hinaus beeinflussen Leuchten durch ihre Abmessungen, Form und Unterbringung als integriertes oder eigenständiges Element die architektonische Wahrnehmung der Brücke als Ganzes.

Ebenso sollte bei der Planung der Schutz vor Bewitterung und/oder Vandalismus berücksichtigt werden, wodurch die Auswahl geeigneter Leuchtmittel eingeschränkt werden kann. Und nicht zuletzt sind technische Faktoren wie Investitions- und Wartungskosten oder prognostizierte Lebensdauer Kriterien für die Wahl von Leuchte und Leuchtmittel.

Bei der Beleuchtung von Fußgängerbrücken werden Leuchtmittel gewählt, die über eine gute Farbwiedergabe verfügen und insbesondere im Warmweißton ein angenehmes Ambiente erzeugen. Hierfür eignen sich vor allem Halogen-Metalldampflampen mit brillantem Licht und weniger Leuchtstofflampen mit gleichförmigem Licht. Auch LEDs, die zu Modulen als Flächen-, Linien- oder Punktstrahler zusammengesetzt werden, finden eine steigende Verbreitung. Ihre Vorteile liegen in ihren minimalen Einbaumaßen, der langen Lebensdauer, der Energieeffizienz, guter Dimmbarkeit und sehr gutem Betriebsverhalten bei kühlen Temperaturen. Die Ausleuchtung erfolgt dabei homogen und scharf begrenzt ohne Streulicht. Die Lichtfarbe kann beliebig gewählt werden, von Warmweiß über Kaltweiß bis zu farbigem Licht. Somit lassen sich LED-Leuchten wegen ihrer geringen Größe unauffällig in die Konstruktion integrieren und mit einer entsprechenden Ansteuerung können die vielfältigsten Lichtszenarien entwickelt und abgerufen werden.

Leuchtenauswahl

Eine Leuchte besteht aus Leuchtmittel, Reflektor und Gehäuse. Die Vielfalt ist enorm, hier eine Auswahl geeigneter Leuchten:

- Handlaufbeleuchtung (Abb. 24 und 25):
  Die Integration der Beleuchtungselemente in den Handlauf ermöglicht eine vielfältige Gestaltung. Generell werden dafür Leuchtstoffröhren bzw. LED-Linienleuchten eingesetzt. Da der Handlauf als Funktionselement im ständigen Kontaktbereich der Passanten liegt, ist besondere Sorgfalt darauf zu verwenden, die Leuchten vor Vandalismus zu schützen.

- Scheinwerfer, Strahler, Fluter (Abb. 26):
  Die Brückenstruktur kann genutzt werden, um Strahler auf hohen Masten oder Pylonen z. B. einer Schrägkabel- oder Hängebrücke zu integrieren. Bogenbrücken werden durch eine Ausleuchtung der Bögen oft besonders effektvoll inszeniert. Die Beleuchtung eines Gehwegs erfolgt häufig aus großer Höhe, um diesen großflächig und gleichmäßig auszuleuchten.

- Säulenleuchten (Abb. 27):
  Verschiedene Hersteller bieten modulare Säulenleuchten mit unterschiedlichen Lichtpunkthöhen und Lichtverteilungen an. Während sich die Leuchten tagsüber als schlichte Stelen dem Bauwerk unterordnen, ermöglichen sie nachts eine gezielte Ausleuchtung der Laufplatte. Dabei gilt insbesondere: je niedriger die Lichtpunkthöhe, umso kürzer der Abstand zur nächsten Leuchte.

- Orientierungsleuchten (Abb. 28 und 29):
  Durch Pollerleuchten oder in Geländerpfosten oder -abschlüsse integrierte Lichtbänder kann die Gehfläche eine visuelle Führung und Orientierungshilfe erhalten.

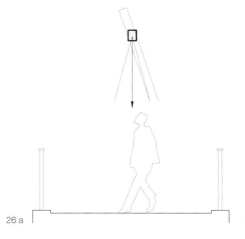

26 a

b

Montage, Wartung und Zuleitung

Die Position einer Leuchte sollte nicht ausschließlich funktionalen und gestalterischen Kriterien genügen, auch die Montage und Wartung muss mit einem sinnvollen Aufwand durchführbar sein. Darüber hinaus sollten alle zur Beleuchtung notwendigen Komponenten wie Zuleitungen, Verteiler, Betriebsgeräte oder auch der Anschluss an das Stromnetz möglichst in die Konstruktion integriert werden, um nicht als ungeschickte nachträgliche Ergänzung zu wirken. Die frühe Einbindung eines erfahrenen unabhängigen Lichtplaners und eine entsprechende Sorgfalt bei der Beleuchtungsplanung führen dazu, dass Brücken auch bei Nacht eine eigene und unverkennbare Zeichenhaftigkeit entwickeln können.

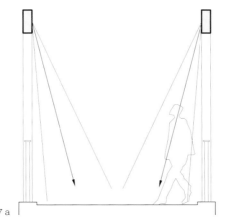

27 a

b

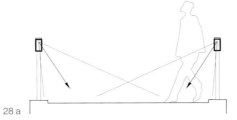

28 a

b

24 im Handlauf integrierte LED-Beleuchtung, Brückenmahnmal, Rijeka (CR) 2004, 3LHD arhitekti; C.E.S. Civil Engineering Solutions
25 Handlauf mit integrierter LED-Beleuchtung, Vertikalschnitt, Maßstab 1:5
    a Handlauf mit LED-Beleuchtung im Stahlprofil
    b Handlauf mit LED-Beleuchtung in U-Profil
26 Mastleuchte
    a Schemaschnitt
    b Fußgängerbrücke Max-Eyth-See, Stuttgart (D) 1989, schlaich bergermann und partner
27 Säulenleuchte
    a Schemaschnitt
    b Salinensteg, Bad Rappenau (D) 2008, schlaich bergermann und partner
28 Ministrahler
    a Schemaschnitt
    b Hoge Brug, Maastricht (NL) 2003, Bgroup Greisch
29 Lichtband
    a Schemaschnitt
    b Brückenmahnmal in Rijeka (CR) 2004, 3LHD arhitekti; C.E.S. Civil Engineering Solutions

29 a

b

Wirtschaftliche Aspekte

War bis vor drei Jahrzehnten der Brückenbau noch von rein wirtschaftlichen Gesichtspunkten geprägt, so hat sich dies insbesondere beim Bau von Fußgängerbrücken stark geändert. Die Entwicklung vom reinen Funktionsbau zu zeichenhaften, ausdrucksstarken Brückenkonstruktionen begründet sich in dem Wunsch, mehr als nur eine Wegeverbindung von A nach B zu realisieren. Oft entstehen Fußgängerbrücken an repräsentativen Stellen in Städten oder Parks, sie sollen dem Ort eine eigene Identität verleihen sowie seine Umgebung aufwerten und attraktiver gestalten. Der Wunsch nach etwas Neuartigem und Anderem fordert von Architekten und Ingenieuren individuelle Ideen und Lösungen. Gelingt dies, kann eine neue Brücke ein unverwechselbares Zeichen setzen, von dem eine positive Wirkung auch auf viele andere Bereiche in der Umgebung ausgeht. Fußgängerbrücken können Möbel oder Skulpturen sein, sie können als (Kunst-)Objekte betrachtet werden und zur Auseinandersetzung mit der Umwelt und zur Diskussion anregen.

Der Wert einer Fußgängerbrücke ist also weit höher als nur die Summe der Baukosten. Er ergibt sich aus einer ganzheitlichen Betrachtung, die alle positiven und möglicherweise auch negativen Einflüsse, die eine Brücke auf ihre Umgebung ausübt, einbezieht. Da eine solche Nutzen-Kosten-Analyse äußerst komplex und nur mit vielen Annahmen möglich ist, sind die Ergebnisse nur begrenzt verwertbar, Schlussfolgerungen eher schwierig und mit großen Unsicherheiten behaftet. Aus diesem Grund werden solche Analysen selten erstellt und die Betrachtungen beschränken sich meist auf die Herstell- und Unterhaltskosten.

Konstruktionsgrundsätze

Die hier aufgeführten Grundsätze und Tendenzen sollen in der konzeptionellen Phase helfen, geeignete und wirtschaftliche Brückenkonstruktionen zu entwerfen. Kleine und große Beispiele zeigen, dass auf diese Weise schöne, klare und innovative Bauwerke in vertretbarem Kostenrahmen entstehen können.

Tragsystem

Das gewählte Tragsystem und seine Geometrie haben großen Einfluss auf die Kosten. Es sollte der Spannweite angemessen sein und einfache statische Grundsätze wie ausgewogene Bauhöhen bei Balken- und Fachwerkbrücken oder vernünftige Stichhöhen bei Hänge-, Spannband- und Bogenbrücken berücksichtigen. Dabei sind globale Zusammenhänge wie z. B. die Lage von Abspannungen bei Hängebrücken genauso wichtig wie lokale Lastabtragungsmechanismen im Brückenquerschnitt. Verletzt man diese Prinzipien, schlägt sich dies zumeist in höheren Kosten nieder.

Im Großbrückenbau stehen Erfahrungswerte zur Verfügung, welcher Brückentyp für welche Spannweiten wirtschaftlich eingesetzt werden kann, und es gibt Entwurfsregeln, die nicht nur dafür sorgen, dass die Brücke über geeignete Abmessungen und ansprechende Proportionen verfügt, sondern auch dafür, dass sie sich in einem wirtschaftlichen Rahmen bewegt. Bei den kleineren Fußgängerbrücken gelten diese Entwurfsgrundsätze zwar auch, aber im Vergleich zu großen Brücken bieten sie mehr Gestaltungsspielraum, da die Gesamtinvestition in der Regel wesentlich geringer ist. Dieser Spielraum kann genutzt, sollte aber nicht missbraucht werden, sonst kommt es schnell zu unerwarteten Kostensteigerungen, wie ein Beispiel deutlich macht: Für eine rückverankerte Hängebrücke wird ein Verhältnis von Spannweite zu Stich von 1/10 bis 1/12 empfohlen. Halbiert man den Stich, so verdoppelt sich die Seilkraft, es ist dann nicht nur der doppelte Seilquerschnitt erforderlich, sondern die zu verankernden Fundamentkräfte verdoppeln sich ebenfalls. Der Überbau erhält im Gegenzug zwar eine geringere Biegebeanspruchung und die Masten werden niedriger, was aber die größeren Aufwendungen für Seile und Fundamente bei Weitem nicht aufwiegen kann. Die Kosten für die Brücke steigen deutlich an. Wird der Stich noch weiter verringert, erhöhen sich die Kosten auch weiter. Erst wenn die entworfene Konstruktion zu einer Spannbandbrücke wird, ist sie wieder wirtschaftlicher, da dann die Hänger und Masten entfallen und die Gehwegplatten direkt von den Zuggliedern getragen werden.

Vor diesem Hintergrund verwundert es nicht, dass die Millennium Bridge in London mit dem extrem geringen Stichverhältnis von 1/60 um ein Vielfaches teurer war als eine klassische Hängebrücke mit einem fünffach größeren Stichmaß.

Beim Entwurf muss sich jeder Planer darüber im Klaren sein, dass die Nichtbeachtung von bewährten Konstruktionsgrundsätzen fast zwangsläufig zu höheren Kosten führt. In manchen Fällen rechtfertigen der Kontext und die zu erwartenden Impulse durch das Bauwerk bzw. gestalterische oder technische Innovationen eine Ausnahme, jedoch sollte sich die Konstruktion nicht ausschließlich rein formalen Ansprüchen unterordnen.

Ein kritisches Hinterfragen der klassischen Grundsätze ist wichtig, aber sie zu ignorieren, ist nicht vertretbar, denn schlussendlich schuldet der Planer dem Bauherrn und der Umwelt einen verantwortungsvollen Umgang mit den Ressourcen und den meist öffentlichen Geldern.

Material

Anhand einfacher Betrachtungen lässt sich die Kosteneffizienz verschiedener Materialien in der Gegenüberstellung von Festigkeit und Materialaufwand ermitteln.

Eine wesentliche Kenngröße für die Leistungsfähigkeit eines Materials ist die Reißlänge oder die Grenzspannweite (siehe Material, S. 27). Vereinfacht ergibt sich z. B. bei Stahl und Beton bezogen auf die Reißlänge ein Verhältnis von 4 : 1. Ergänzt man diese Betrachtungen jedoch um die Materialkosten pro m³, die sich in etwa mit einem Verhältnis von 30 : 1 (Stahl zu Beton) beziffern lassen, und dividiert die Reißlänge durch die Kosten, dann erhält man ein völlig verändertes Verhältnis von ca. 1 : 8, d. h. dieselbe Kraft axial abzutragen, kostet mit Stahl etwa achtmal mehr als mit Beton.

Neben den Materialkosten spielen aber auch die Verarbeitungskosten eine wichtige Rolle. Im Stahl- und Holzbau muss das Rohmaterial zugeschnitten und zusammengefügt werden, die Oberflächen bedürfen gegebenenfalls eines Korrosions- oder Oberflächenschutzes und die Teile müssen transportiert sowie montiert werden. Im Betonbau benötigt man Gerüste und Schalungen, die auf- und abzubauen sind. Solche Kosten werden anhand detaillierter Kostenkalkulationen ermittelt und dann auf die Mengeneinheit umgelegt. Diese Verarbeitungskosten betragen oft ein Vielfaches des eigentlichen Materialpreises und können erheblich variieren: So kostet ein einfacher, mit konstantem Querschnitt durchlaufender I-Stahlträger mit angeschweißten Kopfplatten wesentlich weniger als ein zusammengeschweißter, über die Länge variabler Querschnitt. Sicherlich können diese einfachen Betrachtungen bei der Wahl des richtigen Materials und angemessener Querschnitte Richtungen vorgeben, aber sie allein sind keine bestimmenden Entwurfskenngrößen, da oft auch Aspekte wie Dauerhaftigkeit, gestalterische Qualität oder auch Haptik eine Rolle spielen.

Spannweite
Spannweite kostet Geld. Deshalb sollte stets abgewogen werden, ob sich die gewählte Spannweite wirklich aus funktionalen Zwängen ergibt oder ob sie nur aus formalen Gründen gewählt wurde. Die Kosten für eine einfach gestützte Betonplatte mit einer Spannweite von 10 bis 12 m können im Vergleich zu einer Betonplatte, die an einer Hängekonstruktion (Spannweite > 50 m) abgehängt ist, weniger als die Hälfte betragen. Nach Festlegung der Stützpositionen und Spannweiten muss eine entsprechende Tragkonstruktion, die sich an der Spannweite orientiert, entwickelt werden. Wie im Kapitel »Entwurf und Konstruktion« (S. 32–63) erläutert, bieten sich für unterschiedliche Spannweiten auch unterschiedliche Tragsysteme an. Dabei sind immer auch wirtschaftliche Aspekte zu berücksichtigen, wobei dies bei den Fußgängerbücken nicht allzu dogmatisch gesehen werden sollte, da sie sonst den Spielraum zu sehr einschränken und neuen Entwicklungen die Basis entziehen.

Grundrisskrümmungen
Im Grundriss gekrümmte Brückenverläufe sind kostenintensiver als eine gerade Brückenführung. Allerdings hängt die Höhe der Mehrkosten entscheidend vom Querschnitt und von der Spannweite ab. Eine sich windende, mittels Schalung hergestellte Ortbetonplatte ist nur unwesentlich teurer als eine gerade, während ein in Ansicht und Grundriss gekrümmter Stahlhohlkasten sehr viel aufwendiger ist, da er aus Einzelteilen zusammengesetzt werden muss, die mit ihrer Geometrie der Krümmung folgen. Sofern möglich, sollten wenige Krümmungsradien eingesetzt werden, da viele unterschiedliche Teile auch höhere Kosten provozieren. Bei kleineren Spannweiten spielen Grundrisskrümmungen auch aus statisch-konstruktiver Sicht eine eher untergeordnete Rolle, da sich die Torsionsbeanspruchungen nicht aufsummieren. Dagegen muss bei größeren Spannweiten auch das Primärtragwerk auf die Krümmung reagieren und erhält dadurch eine wesentlich komplexere Beanspruchung, was zwangsläufig auch zu höheren Kosten führt.

Fundamente und Baugrund
Es bedeutet einen größeren Aufwand, Zugkräfte in den Baugrund einzuleiten als Druckkräfte, da diese entweder über große Schwergewichtsfundamente oder über die Aktivierung eines durch Vernagelung verbundenen Erdkörpers abgetragen werden müssen. Ähnliches gilt für Horizontalkräfte: Sie benötigen ebenfalls entweder ein Schwergewichtsfundament mit einem entsprechend hohen Gewicht oder einen Bock aus Pfählen, der die Kräfte über Zug und Druck abtragen kann. Bei gekrümmten Brücken können zudem große Querbiegemomente auf die Widerlager entstehen, die die Fundamente zusätzlich belasten. Sie müssen entweder als Schubkräfte über Reibung in der Sohlfuge oder über Pfahlböcke, die das Moment in ein horizontales Kräftepaar umwandeln, abgetragen werden. Große Spannweiten erfordern jedoch oft Hängekonstruktionen; dabei sind Zug- oder/und Horizontalkräfte fast unumgänglich. In diesem Fall ist darauf zu achten, dass abhängig von den Kräften und dem bestehenden Baugrund die beste und wirtschaftlichste Gründungsart zum Einsatz kommt. So haben sich bei Fußgängerbrücken Daueranker und Mikropfähle, die sich mit nahezu jeder beliebigen Neigung herstellen lassen, als wirtschaftliche Gründungsart bei Zugkräften bewährt. Die Baugrundverhältnisse beeinflussen ebenso die Kosten einer Brücke. Bei besonders tiefen Gründungen sind sehr lange Anker oder Pfähle erforderlich. In diesem Fall kann es aus wirtschaftlichen Gründen besser sein, weniger Fundamentpunkte vorzusehen und dafür eine größere Spannweite in Kauf zu nehmen. Wichtig ist, dass eine Erfassung der Baugrundverhältnisse schon im Entwurfsprozess vorliegt, um diese in die Entwurfsfindung miteinbeziehen zu können.

Herstellung und Montage
Die Herstellung und Montage einer Brücke ist immer individuell und stellt einen wesentlichen Bestandteil der Gesamtkosten dar. Spezielle topografische oder funktionale Anforderungen können besondere Montageverfahren notwendig machen sowie den Entwurf und die Kosten der Brücke mitbestimmen.

Kosten
Oft wird von den Planern verlangt, schon sehr früh im Planungsprozess genaue Angaben bezüglich der zu erwartenden Kosten zu machen. Jede Brücke ist aber ein Prototyp, und Faktoren wie Brückenbreite, Baugrund, Topografie, Zugänglichkeit und Montageablauf können die Kosten stark beeinflussen. Sicherlich ist es schon in einem frühen Entwurfsstadium möglich, mit Erfahrungswerten die Kosten einer neuen Brücke abzuschätzen, doch erst eine anschließende fundierte statisch-konstruktive Ausarbeitung und Dimensionierung erlaubt es, exakte Aussagen zu den Kosten zu treffen.

Da Neues zu wagen stets schwieriger und unvorhersehbarer ist, als Altes zu übertragen, ist es wichtig, dies dem Bauherrn insbesondere bei komplexen und neuartigen Entwürfen bewusst zu machen, um ihn davon zu überzeugen, dass er selbst auch einen Teil des Kosten- und Zeitrisikos mitzutragen hat. Der Bauherr wird nachvollziehen können, dass sich z. B. die Kosten für eine 20 m weit gespannte Brücke mit einfachem konstantem Überbauquerschnitt schneller und viel sicherer abschätzen lassen als für eine 100 m weit spannende Hängebrücke, die im Grundriss gekrümmt ist und über Lagerungen verfügt, die bei der statisch-konstruktiven Durcharbeitung Grenzwertbetrachtungen erfordert.

Kostenschätzung

Steht der konzeptionelle Entwurf, kann eine erste Grobschätzung über die Brückenfläche erfolgen. In der Regel lässt sich die Fläche über das Produkt aus Brückenbreite zwischen den Geländern und der Gesamtlänge von Fuge zu Fuge ermitteln. Anhand gebauter Beispiele gibt es Erfahrungswerte für Preise pro m², die sich aus den Herstellkosten des Bauwerks für die Brückenfläche errechnen. Da die Kosten von vielen Faktoren wie Ort, Materialwahl, Geometrie, Montagemöglichkeiten, Ausbaustandards etc. abhängen, bedarf es einiger Erfahrung, um die vorhandenen Werte auf neue Bauwerke übertragen zu können. Die Tabelle auf S. 80f. zeigt eine Zusammenstellung solcher Kosten für ganz unterschiedliche Fußgängerbrücken. Allein die Streuungen bei gleichen Konstruktionstypen lassen erahnen, wie schwierig es sein kann, eine richtige Kosteneinschätzung neuer Brücken anhand dieser Preise vorzunehmen.

Kostenberechnung

Nach Ausarbeitung des Entwurfs wird die Kostenberechnung erstellt. Die Struktur dieser Kostenberechnung orientiert sich am Bauwerk. Oft gibt es bei öffentlichen Bauten diesbezüglich genaue Vorgaben, die eine Vergleichbarkeit mit anderen Bauwerken und eine konsequente Kostenverfolgung bis zu den finalen Herstellkosten ermöglichen.

Die Kosten eines Bauwerks lassen sich aus der Summe der Kosten für die einzelnen Bauteile errechnen, die sich aus der ermittelten Masse (Menge) multipliziert mit den spezifischen Kosten (Preis/Mengeneinheit) ergeben. Wichtig hierbei ist, dass neben einer sinnvollen Struktur auch die im Entwurf noch nicht ausgearbeiteten Details richtig bewertet und pauschal mitberücksichtigt werden. Im Stahlbau ist es z. B. üblich, Kleinteile wie Steifen, Verankerungsplatten etc. mit einem Zuschlag von 10 bis 20 %, je nach Kleinteiligkeit der Konstruktion, zu veranschlagen. Im Betonbau wird die Menge an Bewehrungsstahl über das Betonvolumen ermittelt, das mit einem spezifischen Bewehrungsgehalt multipliziert wird, der je nach Bauteil zwischen 80 kg/m³ für einfache Fundamente und 400 kg/m³ für schlanke Betonstützen liegt.

Kostenkalkulation/-feststellung

Grundlage für die Kostenkalkulation der ausführenden Firmen sind die Ausschreibungsunterlagen. Diese beinhalten neben den vertraglichen Regelungen die technischen Spezifikationen und das Leistungsverzeichnis, das alle Bauteile positionsmäßig erfasst. Sie dienen den Firmen zur Erstellung eines Angebots und müssen die Bauaufgabe qualitativ und quantitativ präzise erfassen, um keine unerwarteten Nachträge und Mehrkosten zu riskieren. Deshalb ist es insbesondere bei komplexen Konstruktionen wichtig, den terminlichen und vertraglichen Spielraum dafür zu schaffen, dass die Erarbeitung der Ausführungsplanung – oder zumindest großer Teile hiervon – vor Erstellung der Ausschreibungsunterlagen stattfinden kann. Nur so ist der Planer in der Lage, alle kostenrelevanten Positionen exakt zu erfassen und den Bauherrn vor unerwarteten Nachträgen und Mehrkosten zu schützen.

Lebenszyklusbetrachtung

Hatte man vor einiger Zeit nur die reinen Baukosten im Blick, so ist in den letzten Jahren immer mehr die Betrachtung der Kosten über die gesamte Lebensdauer des Bauwerks in den Fokus gerückt. Im Brückenbau hat es sich schon vor Jahrzehnten durchgesetzt, die Bauwerke sogenannten Bauwerksprüfungen zu unterziehen. Das Intervall für die Kleine Bauwerksprüfung – im Wesentlichen eine visuelle Prüfung – beträgt drei Jahre. Bei der Großen Bauwerksprüfung wird alle sechs Jahre eine genauere Untersuchung mit Vermessung des Bauwerks durchgeführt. Geregelt ist dies in DIN 1076 »Ingenieurbauwerke im Zuge von Straßen und Wegen – Überwachung und Prüfung«. Bedingt durch die große Zahl der bei solchen Bauwerksprüfungen festgestellten Schäden an vergleichsweise neuen Straßenbrücken hat sich die Erkenntnis durchgesetzt, dass die sogenannten Life Cycle Costs (Lebenszykluskosten – LCC) in der Kalkulation von Anfang an eine Rolle spielen müssen. Sie beziffern die bei einer Brücke anfallenden Kosten über ihre gesamte Lebensdauer.

Diese Kosten sind stark vom betreffenden Bauwerk abhängig – wobei gerade bei Brücken große Schwankungen auftreten – und können über die Lebensdauer gesehen die gleiche Größenordnung wie die Baukosten selbst erreichen. Somit müssen vermeintliche Mehrkosten beim Bau einer robusten und pflegeleichten Brücke unter Einbeziehung der zu erwartenden LCC ganz anders bewertet werden – eine solche Brücke kann, über den gesamten Lebenszyklus betrachtet, die günstigere und wirtschaftlichere Variante sein.

Anhaltswerte über die theoretische Nutzungsdauer und die jährlichen Unterhaltskosten eines Brückenbauwerks in Abhängigkeit von der Art der Konstruktion und dem verwendeten Material enthält die »Verordnung zur Berechnung von Ablösebeträgen nach dem Eisenbahnkreuzungsgesetz, dem Bundesfernstraßengesetz und dem Bundeswasserstraßengesetz (Ablösungsbeträge-Berechnungsverordnung – ABBV)« des Bundesministeriums für Verkehr, Bau und Stadtentwicklung (BMVBS). Hintergrund dieser Ablöseverordnung ist, dass die Herstell- und Unterhaltskosten derjenige tragen muss, der die Baumaßnahme verursacht hat. So muss z. B. die Deutsche Bahn bei einer neuen Bahntrasse der Straßenbauverwaltung die Kosten erstatten, die zur Wiederherstellung des vorhandenen Straßennetzes notwendig sind, sowie die Aufwendungen für den Unterhalt der Brücke über ihre gesamte Lebensdauer. Da nur ein einmaliger finanzieller Ausgleich stattfindet, muss der Unterhalt bereits zu Anfang quantifiziert und auf die Lebensdauer kapitalisiert werden. Die Angaben der ABBV gelten in erster Linie für Straßenbrücken, lassen sich aber ebenso auf Fußgängerbrücken übertragen.

Die verwendeten Baustoffe und deren unter Umständen kombinierter Einsatz bestimmen die Lebenszykluskosten maßgeblich. Bei Beton unterscheidet man dabei zwischen Stahl- und Spannbeton. Spannbeton wird schlechter eingestuft, was sicher auf die vielen Schäden an früheren Spannbetonbrücken (Baujahr 1980 und älter) zurückzuführen ist. Stahlbrücken schneiden noch etwas schlechter ab als Betonbrücken, was in erster Linie mit dem immer wieder zu erneuernden Korrosionsschutz zusammenhängt.

Für Holzbrücken werden sehr hohe Unterhaltskosten angegeben (pro Jahr 2 % der Baukosten), da sie höhere Verschleißerscheinungen zeigen und sich gegenüber Witterungseinflüssen als weniger beständig erweisen als Beton- oder Stahlbrücken. Die Angaben sind allerdings sehr pauschal. So gibt es z. B. keine Differenzierung nach den unterschiedlichen Arten des Holzschutzes. Dies wird zu Recht bemängelt, weil Holzbrücken mit einem aktiven Holzschutz wesentlich unempfindlicher, beständiger und langlebiger sind als Brücken ohne einen solchen oder mit einem chemischen Holzschutz.

Wirtschaftliche Aspekte
Kostenzusammenstellung

Typ[1]	Brücke	Konstruktion/Material	Länge x Breite [m]	Gesamt-kosten[2] [€]	Kosten[2] pro m² [€/m²]
1	Glasbrücke in einem Forschungs-zentrum, Lissa-bon (P) 2010	Glasröhre mit unterspannter Stahlkonstruktion • Überbau: Verbundsicherheitsglas auf Stahlunterkonstruktion aus Längs- und Querträgern • Belag: begehbares Glas mit hoher Rutschfestigkeit • Geländer: eingespannte Glasbrüstung ohne zusätzlichen Handlauf • gekrümmte Glaseindeckung	21 × 2,30	875 000	18 200
1	Messebrücke II, IGA Rostock (D) 2003	Dreifeld-Balkenbrücke mit teilweiser Längsvorspannung • Überbau: Stahlbetonplatte gevoutet • Dünnschichtbelag auf Betonlaufplatte • Füllstabgeländer (vertikal)	54 × 5,50	1 076 000	3600
1	Passerelle Simone de Beauvoir, Paris (F) 2006	Kragarme mit eingehängtem Linsenträger • Stahlkonstruktion • Holzbelag mit Rutschsicherung • Seilnetzgeländer mit Handlauf	304 × 12	23 649 000	6500
1	Steg Cité, Baden-Baden (D) 2006	integrale Beton-Rahmenbrücke mit Y-förmiger Mittelstütze • Überbau: Stahlbetonplatte • Dünnschichtbelag auf Betonlaufplatte • Füllstabgeländer (vertikal) • Flachgründung	38 × 3	355 000	3100
1	Brücke für die Deutsche Telekom, Bonn (D) 2010	Durchlaufträger auf Pendelstützen • Überbau: Stahlbetonplatte • Dünnschichtbelag auf Betonlaufplatte • Glasgeländer mit Edelstahlhandlauf • Gründung: Mikropfähle • Besonderheit: LED-Medienband (1/3 der Kosten)	65 × 3	1 873 000	9600
1	Living Bridge, Limerick (GB) 2007	siebenfeldrige unterspannte Brücke • Überbau: Stahlträger • Belag: Aluminiumpaneele • Glasgeländer mit Edelstahlhandlauf • Gründung: Großbohrpfähle	350 × 5,50	13 249 000	6900
2	Brückenskulptur »Slinky springs to fame«, Ober-hausen (D) 2011	Dreifeld-Spannbandbrücke mit Rampen als Durchlaufträger • Überbau: Stahlbeton-Fertigteile auf Flachstählen • 40 mm farbiger Fallschutzbelag • Edelstahl-Seilnetzgeländer mit Handlauf • Spirale aus Aluminium • Gründung: Mikropfähle	406 × 2,67	5 100 000	4700
3	Fußgängerbrücke über den Hessen-ring, Bad Hom-burg (D) 2002	Schrägseilbrücke • Überbau: Stahlbetonplatte • Belag: Betonoberfläche mit Besenstrich • Füllstabgeländer mit Handlaufbeleuchtung • Masten aus vorgespannten und gefrästen Natursteinblöcken • Gründung: Großbohrpfähle	76 × 7	1 768 000	3300
3	Fußgängersteg über den Neckar, Esslin-gen-Mettingen (D) 2006	rückverankerte Hängebrücke mit Rampen als Durchlaufträger • Überbau: Stahlbetonplatte auf Querträgern / Stützenpaaren • Dünnschichtbelag auf Betonlaufplatte • Füllstabgeländer (vertikal) • Gründung: Großbohrpfähle und Daueranker, Rampe mit Flachgründungen	295 × 3	1 914 000	2200
3	Millennium Bridge, London (GB) 2000	Hängebrücke mit geringem Durchhang • Überbau: Stahllängsträger mit eingehängten Aluminiumpaneelen • Belag: Aluminiumpaneele • Geländer: horizontale Seile mit Handlauf • Gründung: Großbohrpfähle	333 × 4	50 225 000	37 700
3	Nessebrücke, Leer (D) 2006	Schrägseilbrücke mit klappbarer Mittelöffnung • Überbau: Stahl-Längsträger mit Stahlbetonplatte auf Querträgern • Dünnschichtbelag auf Betonlaufplatte • Füllstabgeländer (vertikal)	130 × 4	2 365 000	4500

Typ[1]	Brücke		Konstruktion/Material	Länge x Breite [m]	Gesamt-kosten[2] [€]	Kosten[2] pro m² [€/m²]
3	Steg, Innenhafen Duisburg (D) 1999		rückverankerte Hänge-Hubbrücke • Überbau: Gelenkkette aus Stahlrahmen mit Stahlbeton-Fertigteilen • Dünnschichtbelag auf Betonlaufplatte • Füllstabgeländer (vertikal) • Hubmechanismus mit Hydaulikzylinder in den Abspannseilen	74 × 3,50	3 234 000	12 500
4	Erzbahnschwinge, Bochum (D) 2003		S-förmig gekrümmte, einseitig aufgehängte Hängebrücke • Überbau: aufgelöster Stahlquerschnitt mit Betonplatte • Dünnschichtbelag • Edelstahl-Maschendrahtgeländer ohne zusätzlichen Handlauf • Gründung: Großbohrpfähle	142 × 3	2 689 000	6300
4	Fuß- und Radweg-brücke Hafen Grimberg, Gelsen-kirchen (D) 2009		gekrümmte, einseitig aufgehängte integrale Hängebrücke • Überbau: Stahlhohlkasten • Dünnschichtbelag auf Betonlaufplatte • Edelstahl-Seilnetzgeländer ohne zusätzlichen Handlauf • Tiefgründung mit Bohrpfählen	190 × 3	4 245 000	7400
4	Seebrücke, Sassnitz/Rügen (D) 2008		gekrümmte, einseitig aufgehängte Hängebrücke mit angeschlossener Rampe als Durchlaufträger • Überbau: Stahlhohlkasten mit Betonplatte • Rampe in Verbundbauweise • abgespannter Stahlrohrmast • Gründung: Ortbeton-Rammpfähle im Kreidefels	243 × 3	4 240 000	4000
4	Nesciobrug, Amsterdam (NL) 2005		gekrümmte, einseitig aufgehängte, selbstverankerte Hängebrücke • Überbau: Stahlhohlkasten • Dünnschichtbelag • Seilnetzgeländer mit Handlauf • Gründung: Großbohrpfähle	700 × 3	11 832 000	5600
4	Passerelle La Défense, Paris (F) 2008		gekrümmte, selbsttragende, in sich überspannte Fachwerkbrücke mit Ringseilen • Überbau: Stahlhohlkasten • Dünnschichtbelag auf Stahlhohlkasten • Geländer: horizontale Edelstahlseile • Gründung im Bestand	91 × 4,50	3 789 000	9200
5	Börstelbrücke, Löhne (D) 2000		Zweifeld-Spannbandbrücke über zentralem Bogen • Überbau: Stahlbeton-Fertigteile auf Flachstählen • Belag: Betonoberfläche • Edelstahl-Seilnetzgeländer mit zusätzlichem Handlauf • Gründung: Mikropfähle	96 × 3,50	1 141 000	3400
5	Dreiländerbrücke Weil am Rhein (D) / Huningue (F) 2007		selbstverankerte Bogenbrücke • Überbau: orthotrope Platte • Dünnschichtbelag • Geländer: horizontale Füllstäbe mit Handlauf • Flachgründung	248 × 5	9 937 000	8000
5	Fußgängerbrücken Phoenix See, Dortmund-Hörde (D) 2011		drei Bogenbrücken mit eingehängter Laufplatte • Überbau: Stahlbetonplatte auf Querträgern, seitliche Bögen aus Flachstahlpaketen • Dünnschichtbelag auf Betonlaufplatte • Holmgeländer (horizontal) mit innen liegendem Handlauf • Gründung: Bohrpfähle	34/38/41 × 5	1 561 000	2800
5	Gateshead Millennium Bridge, New-castle (GB) 2001		Bogenbrücke mit Kippmechanismus • Überbau: Stahlhohlkasten • Belag: Aluminiumpaneele • horizontales Füllstabgeländer • Gründung: Großbohrpfähle	126 × 8	45 937 000	45 600
5	Steg Ökologischer Gehölzgarten, Oberhausen-Ripshorst (D) 1997		räumlich gekrümmte Bogenbrücke mit aufgeständerter Laufplatte • Überbau: Stahlhohlkasten • Dünnschichtbelag auf Stahlhohlkasten • Seilnetzgeländer mit zusätzlichem Handlauf • Gründung: Großbohrpfähle	130 × 3	1 750 000	4500

[1] Brückentypen: 1 Balken-/Plattenbalkenbrücke; 2 Spannbandbrücke; 3 Schrägseil-/Hängebrücke; 4 gekrümmte Hängebrücke; 5 Bogenbrücke
[2] referenzierte Kosten für das Jahr 2012 mit 2 % Inflationsrate

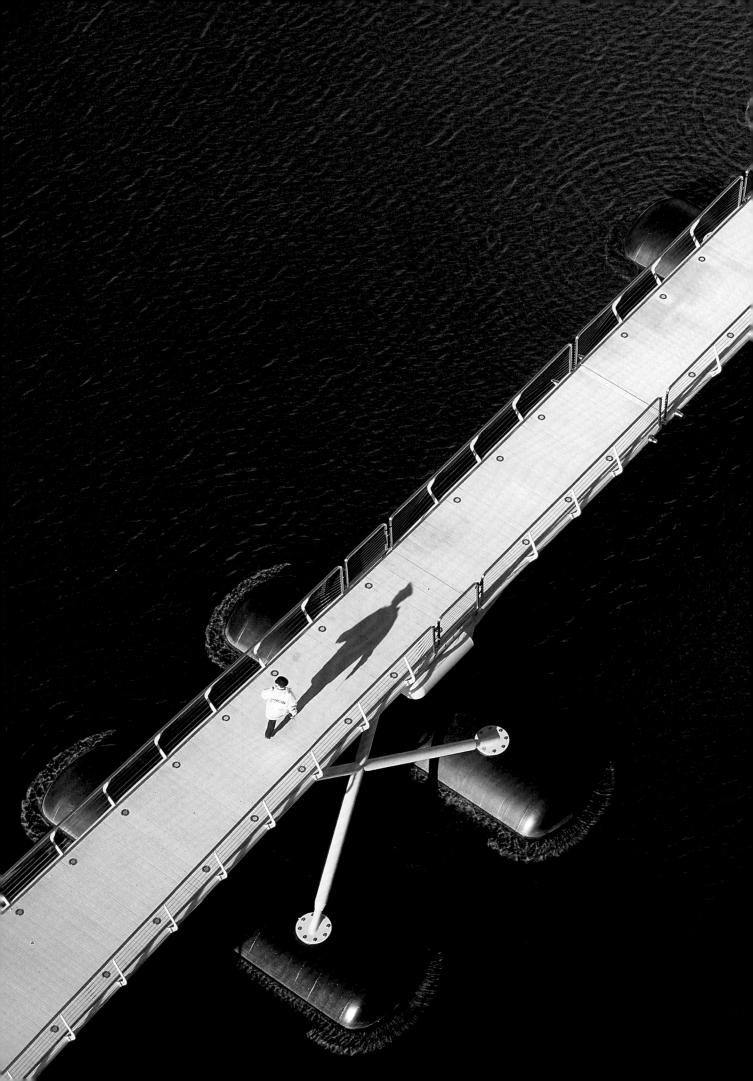

Besondere Fußgängerbrücken

Neben den festen Fußgängerbrücken, die in Gärten, Parks und Landschaften gebaut werden und dort für reibungslose Verkehrsflüsse sorgen, gibt es auch Brücken, die anderen, besonderen Anforderungen entsprechen müssen. Beispiele hierfür sind bewegliche oder geschlossene Konstruktionen oder als Sonderfall auch die Plattform. Geometrische Zwänge in Kombination mit mangelndem Platz können dazu führen, dass der Bau einer festen Brücke mit langen Rampen nicht möglich oder wirtschaftlich nicht sinnvoll ist und eine bewegliche Brücke eine geeignete Alternative darstellt. Oder es bestehen besondere bauphysikalische Erfordernisse an Regen- und Windschutz oder Klimatisierung, sodass der Brückenraum zu einem Innenraum werden muss. Beim Entwurf solch besonderer Konstruktionen kommen Elemente des Maschinenbaus oder der Fassadentechnik hinzu, was eine gute interdisziplinäre Zusammenarbeit verschiedener Fachrichtungen notwendig macht.
Spannende Beispiele für solche Fußgängerbrücken und Sonderkonstruktionen zeugen von der Vielfalt der Möglichkeiten.

Bewegliche Brücken
Schon im Mittelalter wurden bewegliche Brücken in Form von Zugbrücken gebaut. Während sie damals zum Schutz der Tore einer Burg oder einer Stadtbefestigung dienten, machen bewegliche Brücken heute vor allem sich kreuzende Verkehrswege ohne Einschränkungen befahrbar. Sie werden anstelle fester Brücken eingesetzt, wenn entweder zu wenig Platz für lange Zufahrtsrampen und -wege vorhanden ist oder sehr hohe Lichtraumprofile (z. B. für Segelschiffe) zu extrem langen Rampen führen würden. Oft ist der finan-

zielle Aufwand für derartige Zugänge größer als die Mehrkosten für eine bewegliche Brücke. Hinzu kommen auch städtebauliche Aspekte, da lange Rampen meist einen viel größeren Eingriff in die bestehenden Strukturen bedeuten. Der Entwurf beweglicher Brücken setzt eine intensive Zusammenarbeit der Disziplinen Maschinenbau und konstruktiver Ingenieurbau voraus. Während die Bauingenieure für die Konstruktion an sich verantwortlich sind und statische Betrachtungen und Auslegungen der unterschiedlichen Zustände vornehmen, setzen sich die Maschinenbauingenieure mit der Antriebstechnik, mit Verriegelungsmechanismen und mit der Steuerung auseinander.
Die Wahl der geeigneten Bauart wird im Wesentlichen von den örtlichen Gegebenheiten und dem einzuhaltenden Lichtraum bestimmt. Wenn sich etwas bewegt, insbesondere wenn es eine ganze Brücke ist, dann zieht das die Aufmerksamkeit auf sich. Insofern überrascht es nicht, dass ständig neue und ausgefallene Mechanismen entwickelt werden, um die Bewegungen zu inszenieren und sie möglichst attraktiv zu machen. So sind bewegliche Brücken eine große und inte-

ressante Herausforderung für die interdisziplinäre Kooperation von Ingenieuren verschiedener Fachrichtungen.
Neben der Berücksichtigung der konstruktiven Grundsätze ist es vor allem wichtig, dass der Energieaufwand für die Bewegung der Brücke möglichst gering ausfällt. Dies gilt für alle Bauarten, ob die Brücke dreht, klappt, faltet oder sich hebt. Die im Folgenden erläuterten grundsätzlichen Bewegungsvorgänge sind zwar nach wie vor auch bei modernen beweglichen Fußgängerbrücken anzutreffen, allerdings kommen mit den heutigen Entwicklungen der Maschinentechnik und neuen, verbesserten Werkstoffen nicht mehr nur diese klassischen Hub- und Drehbewegungen zum Einsatz. Es werden darüber hinaus auch spektakuläre Bewegungsvorgänge aus Heben, Drehen und Verschieben realisiert, wie die Gateshead Millennium Bridge (Abb. 1) oder die »Katzenbuckelbrücke« in Duisburg (Abb. 4 und 5, S. 85) eindrucksvoll zeigen.

Zugbrücken
Mit Ausnahme der Schwimm- bzw. Pontonbrücken ist die Zugbrücke die älteste bewegliche Brücke. Mit einfachen Mitteln wie Ketten wurde die Brückenfläche

1   Dreh-Kipp-Brücke, Gateshead Millennium Bridge, Newcastle (GB) 2001, Wilkinson Eyre Architects; Gifford & Partners   1

2

früher durch eine einseitige Drehbewegung nach oben gezogen. Um sie zu bewegen, war ein großer Energieaufwand notwendig, da eine Speicherung der beim Herunterlassen der Brücke entstehenden Energie noch nicht möglich war. So musste für jeden Hubvorgang neue Energie generiert werden, die dann beim Herunterlassen wieder verloren ging. Anders ist dies bei den Klapp- und Waagebalkenbrücken. Sie werden ebenfalls über einen einseitigen Drehpunkt nach oben gezogen, allerdings liegt der Schwerpunkt aller beweglichen Teile in der Drehachse, sodass lediglich Rei-

bungskräfte zu überwinden sind, um eine Bewegung zu erzeugen, und dadurch nur sehr wenig Energie eingesetzt werden muss (Abb. 2 und 7, S. 86).

Faltbrücken
Falten ist ein kombinierter Vorgang aus Heben, Drehen und Verschieben. Der Mechanismus ist sehr komplex und aufwendig, weil sich sehr viele unterschiedliche Zwischenzustände ergeben und die Bewegungen exakt synchronisiert werden müssen (Abb. 8, S. 86). Neben dem notwendigen Bewegungsspielraum der Drehlager, Seile und Winden ist

darauf zu achten, dass keine Kollisionsgefahr der primären und sekundären Bauteile untereinander auftritt. Oft sind es eher die Details für die sekundären Bauteile wie Geländer, die schwer zu lösen sind und häufig erheblichen Einfluss auf die Gestaltung haben. Neben diesen hohen planerischen Anforderungen ist auch die hohe Wartungsintensität dafür verantwortlich, dass dieser Brückentypus nur sehr selten realisiert wird.

Schiebebrücken
Schiebebrücken benötigen viel Platz, weil sie als Ganzes translatorisch, d.h. ohne

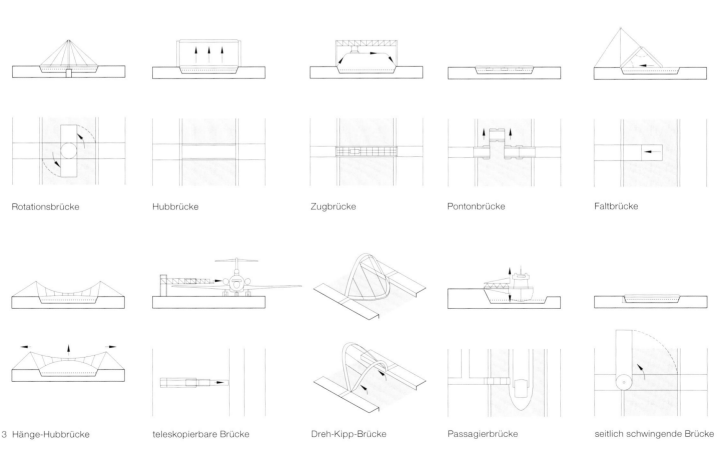

Rotationsbrücke   Hubbrücke   Zugbrücke   Pontonbrücke   Faltbrücke

3 Hänge-Hubbrücke   teleskopierbare Brücke   Dreh-Kipp-Brücke   Passagierbrücke   seitlich schwingende Brücke

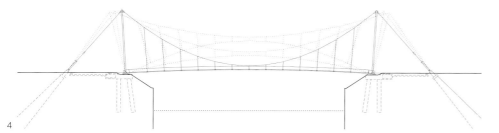

4

Drehung, bewegt werden. Die Führungen und deren Gründungen sind sehr aufwendig, weil die Auflagerpunkte wandern und die Brücke Widerlager benötigt, die in der Lage sind, die Lasten in jedem Zwischenstadium in den Baugrund einzuleiten. Der Vorteil dieser Brücken ist, dass der Schwerpunkt nur horizontal verschoben wird und damit lediglich die Reibungsenergie zum Verfahren aufgewendet werden muss und keine Zusatzgewichte zur Energiespeicherung notwendig sind. Besondere Anforderungen werden an das Tragwerk gestellt, wenn sich beim Verschieben durch den Wegfall eines

Auflagers das statische System komplett ändert. Ein Brückenbalken, der entlang seiner Brückenachse bewegt wird, muss dann nicht nur als Einfeldträger, sondern auch als Kragträger funktionieren, allerdings nur unter seinem Eigengewicht.

Drehbrücken
Drehbrücken sind den Schiebebrücken ähnlich, allerdings mit dem Vorteil, dass der Auflagerpunkt sich nicht verschiebt, sondern stationär bleibt (Abb. 6, S. 86). Die Bewegung kann daher mit einfachen und kompakten Antrieben erfolgen, sofern der Schwerpunkt der Konstruktion

5

2 Zugbrücke, Tervaete (B) 2004, Ney + Partners
3 Auswahl von beweglichen Brückentypen
4 rückverankerte Hänge-Hubbrücke, Ansicht mit den drei möglichen Hubpositionen, Fußgängerbrücke, Innenhafen Duisburg (D) 1999, schlaich bergermann und partner
5 Fußgängerbrücke im Innenhafen von Duisburg in angehobener Position

6

7

im Drehpunkt liegt. Ist dies der Fall, dann entstehen im Wesentlichen nur vertikale Auflagerkräfte und das Widerlager kann einfach ausgebildet werden.

Während bei der Schiebebrücke ein Rechteck oder ein Parallelogramm überstrichen wird, ist es bei einer Drehbewegung ein Kreissegment; beide Bewegungen sind sehr platzintensiv.

Rollbrücken

Bei der Rollbrücke wird der Obergurt mit einem Scherenmechanismus kontinuierlich verkürzt, was zu einer spektakulären Einrollbewegung der Brückenkonstruktion führt. Dieser Mechanismus ist ein Beispiel dafür, wie es gelingen kann, mithilfe von vertikalen hydraulischen Zylindern mit vielen kleinen Kräften einen ganzen Steg zu bewegen (Abb. 9 und 10).

Teleskopierbare Brücken

Teleskopierbare Brücken werden hauptsächlich als Zugangshilfen für Flugzeuge benötigt. Durch Ineinanderschieben einzelner Brückenelemente lässt sich die Länge verändern, mit zusätzlichen Mechanismen können solche Brücken auf und ab bewegt und gedreht werden. Das erlaubt eine schnelle individuelle Anpassung an unterschiedliche Zugangssitua-

tionen, die durch die Position und Größe des Flugzeugs vorgegeben werden. Teleskopierbare Brücken sind allerdings eher dem Maschinenbau zuzurechnen, da ihre Technik mehr durch die Bewegungsmechanismen als durch die Tragkonstruktion geprägt ist. Sie unterliegen zudem nur nachrangig ästhetischen Anforderungen, sondern primär funktionellen.

Materialien

Bewegliche Brücken sollten möglichst leicht sein, um wenig Masse verschieben zu müssen, insofern sind Werkstoffe wie Stahl und Aluminium, aber auch Holz und faserverstärkte Kunststoffe gut geeignet. Die Klappbrücke in Fredrikstad aus carbonfaserverstärktem Kunststoff beispielsweise zeigt, welche Möglichkeiten neue Werkstoffe bieten (Abb. 7). Die 56 m weit spannende Brücke, deren beide Hälften sich ohne Gegengewicht mit nur je einem Hydraulikzylinder aufklappen lassen, wiegt insgesamt etwa 40 t.

Für eventuelle Gegengewichte eignet sich Beton sehr gut, der gegenüber Stahl ein erheblich günstigeres Verhältnis von Gewicht zu Kosten aufweist. Nachteilig ist allerdings der dreifache Platzbedarf von Beton im Vergleich zu Stahl für dasselbe Gewicht.

6 Drehbrücke über den Alten Hafen, Bremerhaven (D) 2007, nps tschoban voss; WTM Engineers
7 Klappbrücke aus carbonfaserverstärktem Kunststoff, Fredrikstad (N) 2006, Griff Arkitektur; FiReCo
8 Faltbrücke, Kiel-Hörn (D) 1997, gmp Architekten von Gerkan, Marg und Partner; schlaich bergermann und partner
9 Konstruktionsschema, Rolling Bridge, London (GB) 2004, Heatherwick Studio; SKM Anthony Hunts
10 Aufrollbewegung der Rolling Bridge

8

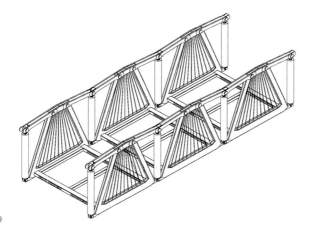

9

Antrieb

Als Antriebe von beweglichen Brücken kommen im Wesentlichen hydraulische Aggregate oder Elektromotoren zum Einsatz. Hydraulische Antriebe arbeiten mit Öldruckzylindern, sie können große Kräfte erzeugen und verursachen wenig bis gar keinen Lärm. Der Druck kann über Leitungen verteilt werden, was die Lage des Maschinenraums und der Zylinder unabhängig macht. Hydraulikzylinder müssen redundant sein und sollten keine permanenten statischen Kräfte übernehmen, um das Standsicherheitsrisiko bei Undichtigkeiten oder gar Platzen von Schläuchen zu vermeiden.

Elektromotoren führen wie Benzin- oder Dieselmotoren meist Drehbewegungen aus. Die Drehzahlen sind dabei aber so hoch, dass sie sich nur mit entsprechenden Übersetzungen in Form von Getrieben und Flaschenzügen für bewegliche Brücken einsetzen lassen. Durch Mechanismen wie Zahnstangen und Seilwinden werden die Drehbewegungen in Verschiebebewegungen umgesetzt und ermöglichen es, über die Wahl der Übersetzung Kraft und Weg zu steuern. Bei gleicher Leistung kann ein Motor so die Brücke entweder mit großer Kraft einen kurzen Weg oder mit geringen Kräften einen längeren Weg bewegen. Während bei Hydraulikaggregaten die Verfahrlängen durch die Länge der Zylinder begrenzt sind, ermöglichen sehr lange, auf Winden aufgewickelte Seile weit größere Verfahrwege, auch wenn sie in Flaschenzügen mehrfach umgeschlagen werden. Beim Einsatz von Seilwinden kommt es zu einer sehr hohen Wechselbeanspruchung der Seile, da sie ständig gebogen werden, wenn sie über die Umlenkrollen laufen. Deshalb unterscheiden sie sich in Aufbau und Dauerfestigkeit grundlegend von stehenden Seilen und unterliegen deutlich höheren Sicherheitsanforderungen.

Geschlossene Brücken

Die ersten überdachten Brücken wurden weniger zum Schutz der Passanten als vielmehr zum Schutz der Konstruktion gebaut. So ist z. B. die mittelalterliche Kapellbrücke in Luzern regelrecht eingehaust: Das überstehende Dach dient dazu, die tragende Holzkonstruktion vor der direkten Bewitterung zu schützen. Neuere Holzbrücken nehmen dieses Schutzprinzip für Holztragwerke auf und setzen es mit den modernen Möglichkeiten der Fügetechnik um (Abb. 11–13, S. 88). Dagegen sollen Brücken, die Gebäude verbinden, die Passanten auf ihrem Weg von einem ins andere Gebäude vor Witterungseinflüssen schützen. Für den reinen Wind- und Regenschutz genügt eine einlagige wasser- und winddichte Hülle, im Falle einer geforderten Klimatisierung sind zusätzliche Maßnahmen an Dach und Fassade für einen bei Gebäuden üblichen Klimaschutz erforderlich (Abb. 14 und 15, S. 88). Für solche Verbindungsstege kommen alle Hohlquerschnitte (Kreis, Rechteck, Ellipse oder Vieleck) infrage. Meist wird jedoch auf rechteckige oder quadratische Querschnitte zurückgegriffen, da sie über ebene Flächen verfügen, die leichter und wirtschaftlicher zu bekleiden sind als gekrümmte.

Für eine starre Bekleidung können Fassadenelemente aus Glas, Metall, Kunststoff und Holz verwendet werden. Freie Formen hingegen lassen sich mit transluzenten, individuell zugeschnittenen Textilbespannungen eindecken. Hierbei ist ein klimatisierter Innenraum nur mit einer zweilagigen Hülle möglich, was sich jedoch negativ auf die Transluzenz auswirkt.

Bei verglasten Konstruktionen kann es zu einer starken Aufheizung des Innenraums kommen, deshalb ist, wie bei Gebäuden auch, auf entsprechenden Sonnenschutz zu achten: entweder in

10

11

12

13

Form einer Wärmeschutzverglasung oder mit außen liegenden Verschattungselementen. Zudem muss eine ausreichende Be- und Entlüftung des Innenraums gewährleistet sein. Dies lässt sich mittels einer natürlichen Durchströmung oder über geschickt angeordnete Lüftungsöffnungen oder -schlitze erreichen. Geschlossene Brücken haben durch das für die Passage freizuhaltende Lichtraumprofil eine Bauhöhe, die für das Tragwerk effizient nutzbar ist, indem der Boden als Untergurt und das Dach als Obergurt eingesetzt und in die Fassade Schubverbindungen in Form von Rahmen oder Diagonalen integriert werden. Nachteilig ist hierbei, dass sich diese Elemente im Sichtfeld befinden und den Blick nach außen beeinträchtigen oder zumindest beeinflussen. Aus diesem Grund sollte auf eine möglichst transparente Ausbildung der Elemente in Form von Seilen oder Stangen mit minimalen Querschnitten geachtet werden.

Mit einer 3 m hohen geschlossenen Röhre, die zugleich statische und funktionale Aufgaben übernimmt, lassen sich sehr große Spannweiten bewältigen. Trotzdem werden in vielen Fällen Zwischenunterstützungen eingebaut, da die Kapazität der Auflagerpunkte in bestehenden Gebäuden häufig begrenzt ist. Insbesondere bei alten Gebäuden sind oft aufwendige Verstärkungs- und Ertüchtigungsmaßnahmen am Bestand notwendig. Es ist dann gegebenenfalls vorteilhafter, eine selbstständige, in sich stabile Konstruktion zu wählen, die keine oder nur sehr geringe Kräfte in die bestehende Struktur einleitet.

Von der Lage der möglichen Unterstützung hängt ab, welches Tragwerk gewählt und wie es in die Fassade integriert werden kann. Die Möglichkeiten reichen von Fachwerk- über Vierendeel- bis hin zu Hängekonstruktionen. Letztere benötigen nur einen Gurt, sodass es möglich ist, die Abhängepunkte auch über die Dachebene zu legen (Abb. 15). Da auf geschlossene Röhren eine wesentlich höhere Windlast wirkt, muss auch auf eine ausreichende Querstabilität der Röhre selbst und der Auflagerpunkte geachtet werden. Zur Querstabilisierung der Röhre bieten sich Rahmen an, die für die Längsrichtung gleichzeitig als Fachwerkpfosten verwendet werden können. Sofern Gebäude nicht in der Lage sind, die Horizontalkräfte aufzunehmen, müssen getrennte, ausreichend im Baugrund verankerte Auflagerböcke diese Funktion übernehmen.

Plattformen

Es gibt auch Brücken, die nicht über oder um etwas herum-, sondern zu einem Ort hinführen, der unter normalen Umständen nicht zu erreichen ist, aber z. B. eine ganz besondere Aussicht bietet. Insbesondere in den erschlossenen Gebirgswelten zeichnet sich ein Trend ab, mit spektakulären Aussichtsplattformen Touristen anzulocken (Abb. 16–19). Solche Bauwerke erfordern eine hohe gestalterische Sensibilität. Sie müssen die Natur respektieren und sich in sie integrieren, um nicht zum Fremdkörper zu werden.

Häufig kragen Plattformen weit aus und sind neben statischen auch dynamischen Belastungen ausgesetzt. Deshalb muss ihr Schwingungsverhalten genau untersucht werden, um Unwohlsein oder gar Angst der Besucher durch unangenehme Bewegungen oder Beschleunigungen zu vermeiden. Gegebenenfalls ist dies über eingebaute Tilger zu gewährleisten. Plattformen müssen gut und sicher im Boden verankert sein, ohne dass Setzungen oder Hebungen auftreten. Dabei spielt die Beschaffenheit des Bodens eine große Rolle. Gerade in Gebirgsregionen sind oft Lösungen für einen felsigen und unebenen Untergrund notwendig.

14

15

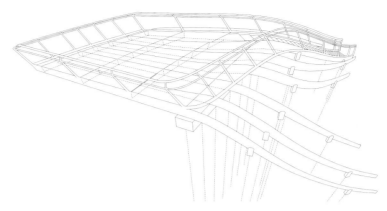

16   17

Eine besondere Herausforderung stellt
der Permafrostboden dar, der in einigen
Hochgebirgsregionen, auch in den Alpen,
auftritt. Hier ist es besonders schwierig,
Tragwerke dauerhaft sicher zu verankern,
zumal die Gefahr besteht, dass der gefro-
rene Untergrund langfristig doch auftaut
und sich dadurch seine mechanischen
Eigenschaften grundlegend ändern. Oft
müssen deshalb die Bauwerke mit langen
Pfählen oder Ankern in den nicht gefrore-
nen Zonen verankert werden.
Ein anderer wesentlicher Aspekt, der Entwurf und Konstruktion beeinflussen kann,
ist der Bau solcher Plattformen. Wegen
der Unzugänglichkeit vieler Gebiete ist
es oft nicht möglich, direkt vor Ort einzelne Teile noch zu fertigen, deshalb
sollten alle Bauteile möglichst vorgefertigt
auf die Baustelle gelangen und dann
dort auf einfache Weise montiert werden
können. Teilweise ist eine Montage per
Hubschrauber unumgänglich. Hier sind
großes Geschick und äußerste Präzision
gefordert – vom Hubschrauberpiloten,
aber auch von den Planern: Alle Teile
müssen gewichtsmäßig exakt bemessen
und die Montage genau geplant sein, da
eine spätere Justierung oder Korrektur
unter diesen erschwerten Bedingungen
viel Zeit und Geld kosten kann.

18

11 Zinkenbachbrücke, St. Gilgen am Wolfgangsee
    (A) 2008, Halm Kaschnig Architekten; Kurt Pock
12 geschlossene Holzbrücke, Gaissau (A) 1999,
    Hermann Kaufmann; Franz Dickbauer
13 Fußgängerbrücke, Boudry (CH) 2003, Geninasca
    Delefortrie; Chablais Poffet
14 Skywalk Rennweg, Wien (A) 2009, SOLID archi-
    tecture; RWT Plus
15 Fußgängersteg, Bietigheim (D) 1994, Noller
    Architekten; schlaich bergermann und partner
16 Aussichtsplattform »AlpspiX«, bei Garmisch-
    Partenkirchen (D) 2010, Wallmann Architekten;
    Acht Ziviltechniker
17 Axonometrie, Gipfelplattform »Top of Tyrol«,
    Stubaier Gletscher (A) 2009, LAAC; Aste
    Weissteiner
18 Gipfelplattform »Top of Tyrol«, Stubaier
    Gletscher (A)
19 Aussichtsbrücke, Aurland (N) 2006, Todd
    Saunders, Tommie Wilhelmsen   19

Ausgeführte Fußgängerbrücken und Stege

Rad- und Fußgängerbrücke in Eichstätt (D)

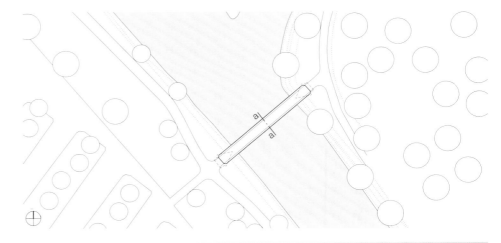

Architekten: Christian Vogel Architekten, München
Mitarbeiter: Rafael Schulik
Tragwerksplaner: Grad Ingenieurplanungen, Ingolstadt
Baujahr: 2009

Die filigrane Geh- und Radwegbrücke, die seit 2009 die Altmühl im bayerischen Eichstätt überquert, überzeugt durch ihre zurückhaltende Eleganz. Ohne zusätzliche Stütze überspannt die Brücke in einem eleganten flachen Bogen den Fluss und wirkt durch ihre geringe Bauhöhe fast schwebend.

Die Herausforderungen beim Entwurf der Brücke waren jedoch sehr hoch. So muss die Konstruktion die freie Durchfahrt für Boote gewährleisten sowie einem Hochwasser der Kategorie HHW 100 standhalten.

Die Planer entwickelten einen glatten, fischbauchähnlichen Brückenquerschnitt mit einer Gesamtlänge von ca. 35 m und maximal 3,50 m Breite. Trotz der großen Spannweite ist die Bauhöhe des Stahlkastens mit nur 30 cm in der Feldmitte und 90 cm an den Widerlagern sehr gering. Durch die Reduzierung auf das notwendige Minimum erhält die Brücke einerseits ihr filigranes Erscheinungsbild, andererseits gewährleistet die geringe statische Höhe unter Einhaltung der vorgegebenen Durchflusshöhe, dass die Brückenenden in etwa in Höhe der bestehenden Wege anlanden, sodass nur geringfügige Anpassungen am Ufer nötig waren.

Die tragende Konstruktion ist ein beiderseits eingespannter, torsionssteifer Körper aus Stahl mit 7 Längs- und 18 Querrippen im Raster von 2 m. Die Horizontal- und Torsionskräfte aus einseitiger Belastung sowie die Kräfte bei Hochwasser mit Treibgut werden über das dreiecksförmige Betonfundament in zwei Ringfundamente eingeleitet.

Das bei Hochwasser demontierbare Geländer ist ebenfalls auf ein Mindestmaß an Materialität reduziert und unterstreicht dadurch die Leichtigkeit der Konstruktion. Als Belag kam ein rutschfester Asphalt zum Einsatz.

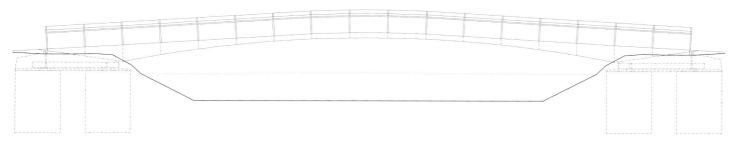

Lageplan Maßstab 1:1000
Ansicht Maßstab 1:200
Vertikalschnitte Maßstab 1:20

1 Flachstahl feuerverzinkt ▱ 20/40/210 mm
2 Geländer Edelstahlnetz Ø 1,5 mm
   Maschenweite 50 mm gespannt auf Flachstahl
   feuerverzinkt ▱ 50/10 mm
3 Handlauf Stahlrohr Ø 42,4/3,2 mm

4 Geländerstütze Flachstahl 2× ▱ 60/10 mm
5 Steg Flachstahl feuerverzinkt ▱ 20/40/210 mm
   durch Senkkopfschrauben mit Geländerstütze
   verbunden
6 Bodenbelag Asphalt rutschhemmend 60 mm
7 Stahlblech 5 mm
8 Hohlkastenträger Stahlblech 10 mm
9 Längsrippen Stahlblech 20 mm
   mit Dreiblechnaht an Querrippen geschweißt

Konstruktion:	Bogenbrücke
Material:	Stahl
Gesamtlänge:	34 m
Spannweite:	26 m
Brückenbreite:	max. 3,5 m
Brückenfläche:	130 m²
Überbauhöhe:	30–90 cm

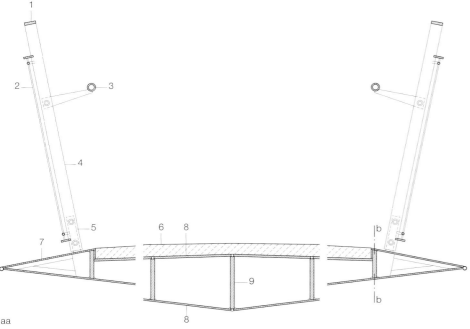

aa

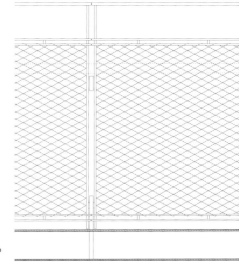

bb

Alfenzbrücke in Lorüns (A)

Architekten:	Marte.Marte Architekten, Weiler
Mitarbeiter:	Bernhard Marte,
	Clemens Metzler
Tragwerksplaner:	M+G Ingenieure, Feldkirch
Mitarbeiter:	Josef Galehr, Rolf Ennulat,
	Clemens Beiter
Baujahr:	2010

Unweit der Ortschaft Lorüns in Vorarlberg befindet sich ein außergewöhnliches Brückenbauwerk, das eher einer Skulptur als einer Ingenieurkonstruktion gleicht: Die Alfenzbrücke markiert den Taleingang zum Montafon, das von der Ill durchflossen wird, einem reißenden Fluss, der häufig starkes Hochwasser führt. Wenige Meter vor der Einmündung der Alfenz in die Ill überspannt die neue Brücke aus Beton den Fluss und gewährt Spaziergängern und Radfahrern den sicheren Übertritt. Die Planer waren vor große Herausforderungen gestellt: Aufgrund der Hochspannungsleitungen in der Umgebung stand

als Bauplatz nur ein kleines Areal zur Verfügung. Eine unten liegende Tragkonstruktion konnte aufgrund der Geländeanbindung und der Anforderungen an den Hochwasserschutz nicht realisiert werden, eine Holzkonstruktion kam wegen eines möglichen Funkenüberschlags nicht infrage. Die Planer schlugen deshalb eine gedeckte Betonbrücke mit Tragwirkung über die Längsseiten vor, die mit ihrer Kastenform die klassische Fachwerkbrücke neu interpretiert. Die Konstruktion besteht aus bis zu 4,30 m hohen seitlichen Fachwerkträgern aus Sichtbeton, die mit der Decken- und Bodenplatte

verbunden sind, die als Ober- bzw. Untergurt wirken. In Anlehnung an bionische Prinzipien formen unregelmäßig angeordnete Zug- und Druckstäbe mit verstärkten Enden ein durchlässiges Brückenhaus. Die Neigung der Fachwerkstreben folgt dem Querkraftverlauf und wird damit zum Auflager hin steiler. Gegen die nördlich gelegene, viel befahrene Straße schirmt eine massive Wand ab, nach Süden eröffnet das unregelmäßige Fachwerk den Blick in den Naturraum. Damit reagiert die Brücke wie selbstverständlich auf statische Einflüsse und nimmt gleichzeitig Bezug auf die Umgebung.

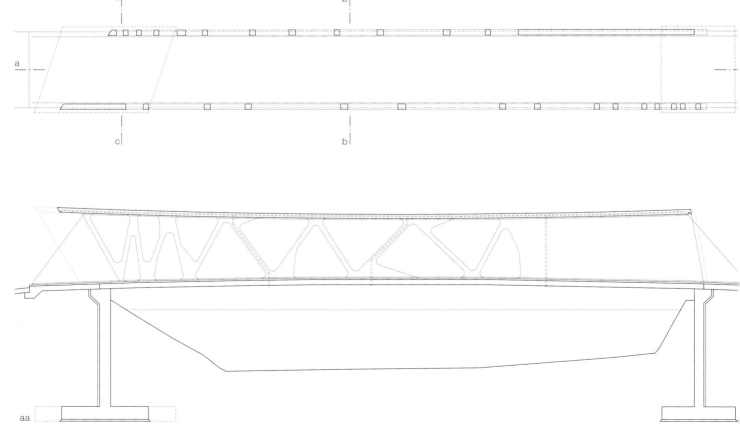

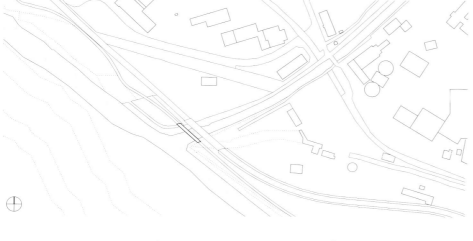

Grundriss · Schnitt   Maßstab 1:200
Lageplan   Maßstab 1:5000
Vertikalschnitte   Maßstab 1:50

1   Decke Sichtbeton unbehandelt 250 mm im Gefälle
2   Ableitung Dachwasser
     Deckenaufbauelement Edelstahl
3   Geländer Edelstahlnetz ∅ 1,5 mm
     Maschenweite 80 mm gespannt auf
     Edelstahlseil ∅ 8 mm
4   Bodenaufbau:
     Belag Hartbeton mit Besenstrich 2 mm
     Sichtbeton unbehandelt 250 mm im Gefälle
5   Sichtbeton unbehandelt 300 mm

Konstruktion: Fachwerkbrücke
Material: Beton
Gesamtlänge: 38,30 m
Spannweite: ca. 33 m
Brückenbreite: 4,20–4,70 m
Brückenfläche: 116 m²
Überbauhöhe: 3,80–4,30 m

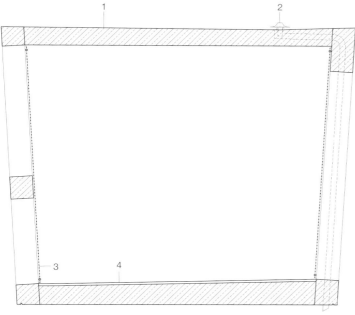

bb

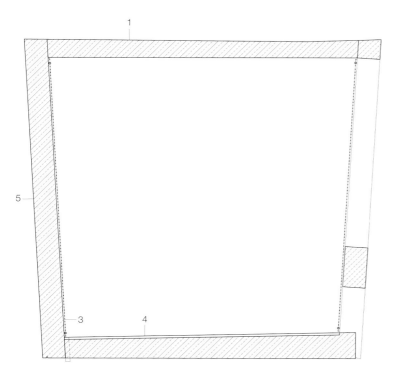

cc

Steg in Kew Gardens, London (GB)

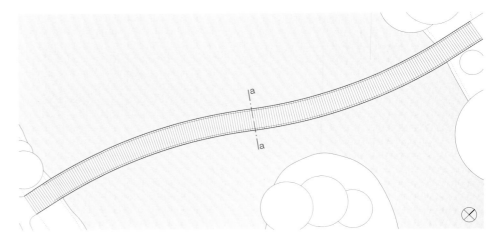

Architekt:	John Pawson, London
Mitarbeiter:	Ben Collins, Chris Masson, Vishwa Kaushal
Tragwerksplaner:	Buro Happold, London
Mitarbeiter:	Simon Fryer, Chris Woodfield, Anthony Holder
Baujahr:	2006

In Kew im Südwesten von London liegen die Royal Botanic Gardens. Sie beheimaten die weltweit größte Anzahl verschiedener Pflanzenspezies. Zudem ist der seit 2003 zum Unesco-Weltkulturerbe zählende botanische Garten einer der ältesten seiner Art. Er entstand vor annähernd 250 Jahren aus mehreren kleineren Gärten, die alle im Besitz der königlichen Familie waren. Im Laufe der Zeit wuchsen sie zu einem großen, von verschiedenen Landschaftsarchitekten gestalteten Park zusammen. Die Parkbauten, darunter die berühmten Gewächshäuser aus viktorianischer Zeit, werden nun durch ein weiteres Bauwerk ergänzt: The Sackler Crossing – benannt nach Mortimer und Theresa Sackler, die mit ihrer Stiftung den Bau des Stegs finanzierten.

Dieser überbrückt den größeren der zwei künstlich angelegten Seen im Westteil des Geländes. In der Aufsicht zeichnet der Steg eine Sinuskurve nach, schlängelt sich zwischen zwei dicht bewachsenen Inseln hindurch und bietet dank seines doppelten Schwungs unterschiedliche Blickwinkel auf die Umgebung.

Aus der Ferne betrachtet, ist er kaum wahrnehmbar, denn die nur 2,5 cm schmalen extrudierten Geländerpfosten aus Bronze sorgen für Transparenz und passen sich durch ihr Farbspiel perfekt an die Umgebung an. Steht man am Ufer, wirkt die Brüstung des geschwungenen Stegs durch die optische Überlagerung der Bronzeprofile dagegen wie eine durchgehende Wand. Reizvoll sind die Reflexionen der schillernden Geländerpfosten im sich kräuselnden Wasser. Da die Brücke nur minimal über der Wasseroberfläche verläuft, bekommt der Besucher beim Überqueren ein Gefühl der unmittelbaren Nähe zum Wasser, das durch die Fugen zwischen den dunklen Granitschwellen schimmert. In diese integriert sind kleine LEDs, die den Steg wie auch das Wasser bei Dunkelheit zum Leuchten bringen.

Konstruktion:	Balkenbrücke
Material:	Stahl
Gesamtlänge:	102 m
Spannweiten:	28 m/46 m/28 m
Brückenbreite:	3 m
Brückenfläche:	306 m²
Überbauhöhe :	28–44 cm

Lageplan
Maßstab 1:500
Vertikalschnitt · Horizontalschnitt
Maßstab 1:20

1 Pfosten Bronze 110/24 mm
   mit angeschweißten
   Anschraubplatten 16 mm
2 LED-Bodenleuchte 1 W
3 Schwelle Granit 120/99–104 mm,
   Fuge 10–15 mm, Bohrungen Ø 12 mm,

t = 60 mm, mit Epoxidharz ausgegossen
und mit Stahlstift verpresst
4 Formteil Granit 80/300 mm
5 Edelstahlrohr ▱ 150/150/6,3 mm
6 Schwert Edelstahl geschweißt
   aus Flachstahl ▱ 10 mm
7 Edelstahlrohr ▱ 300/300/16 mm
8 Auflager Neoprenstreifen 250/ 5 mm
9 Stahlstift Edelstahl Ø 10 mm,
   an Edelstahlrohr geschweißt
10 Pfeiler Edelstahlprofil

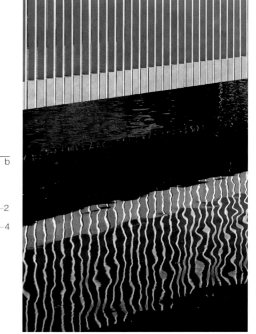

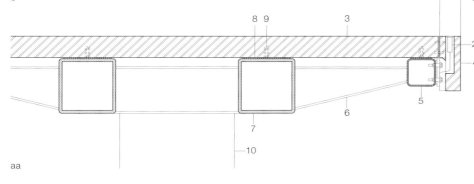

aa

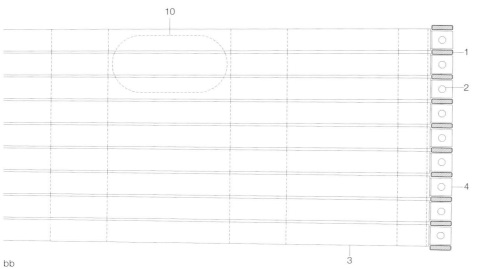

bb

Brücke über das Gessental
bei Ronneburg (D)

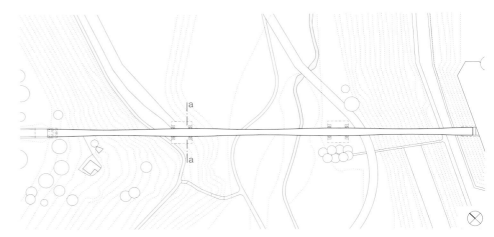

Objekt- und
Tragwerksplanung: Richard J. Dietrich, Traunstein
Mitarbeiter: David Oppermann
Statik und Dynamik: Köppl Ingenieure, Rosenheim
Mitarbeiter: Johann Bleiziffer
Baujahr: 2006

Extrem leicht und elegant schwingt sich die Spannbandbrücke aus Holz in 25 m Höhe über das Gessental in der sogenannten Neuen Landschaft Ronneburg, die im Rahmen der Bundesgartenschau 2007 auf dem Gelände eines ehemaligen Uranbergwerks entstand. Die Brücke ist Teil des Fernradwegs Thüringer Städtekette und mit 225 m eine der längsten Holzbrücken der Welt. An den höchstgelegenen Aussichtspunkten ist die Brücke verbreitert und gibt den Blick frei über die rekultivierte Landschaft.

Die Spannbandkonstruktion aus blockverleimtem Brettschichtholz zieht sich wie ein gespanntes Seil von Widerlager zu Widerlager und überbrückt mit einer Konstruktionshöhe von nur 50 cm freitragend drei Felder mit 52,50 m, 55 m und 52,50 m Spannweite. Dieser extrem schlanke Querschnitt wird durch die fast ausschließliche Lastübertragung durch Zugkräfte ermöglicht. Diese Zugkräfte von ca. 800 t werden von massiven Betonwiderlagern aufgenommen, die mit jeweils 14 Erdankern in den felsigen Boden eingespannt sind. Baumartige, rund 25 m hohe Stützpfeiler aus Stahlrohren unterstützen das Band und leiten es sanft gekrümmt weiter.

Der Durchhang des Spannbands in den Feldern liegt bei ca. 2,30 m. Um zu große Steigungen der Gehbahn zu verhindern, sind auf dem Spannband zusätzliche Leimholzbalken aufgedoppelt, die zur Mitte der Felder hin an Höhe zunehmen und so die Steigungen reduzieren. Diese sind nur angeschraubt und können so auch vertikale Schwingungen durch Reibung dämpfen. Die horizontalen Torsionsschwingungen werden durch die Taillierung des Bands gebremst.

Die sehr wirtschaftliche Konstruktion wurde einschließlich der stählernen Kopplungselemente und der Geländer in Teilstücken von 25 bis 30 m Länge im Werk vorgefertigt und anschließend vor Ort montiert.

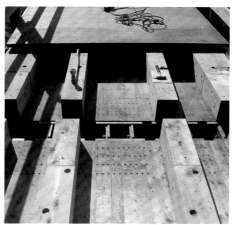

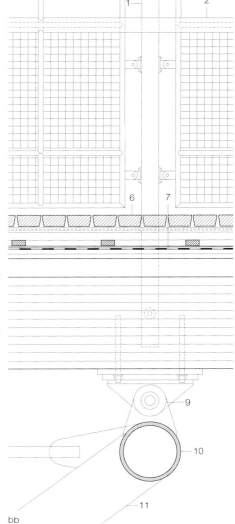

cc

Lageplan Maßstab 1:2000
Vertikalschnitte · Horizontalschnitt Kopplung
Spannband Maßstab 1:20

1 Geländerpfosten Lärchenholz 160/100 mm
   Abdeckung Stahlblech 2 mm
2 Handlauf Lärchenholzprofil Ø 80 mm
3 Geländerfüllung Stahldrahtgitter 40/40/4 mm
   auf Stahlrohrrahmen feuerverzinkt
   Ø 26,9/3,2 mm
4 Befestigung Geländer mit Schrauben M 16
5 Wetterschutzverkleidung Sperrholz 16 mm

6 Belag Lärchenbohlen 60/140 mm
   Kantholz 30/40 mm mit Neoprenband abgedeckt
   auf Abstandhalter Kunststoff
   Abdichtung Aluminiumblech 0,7 mm
   Unterdeckbahn glasfaserverstärkter Kunststoff
7 Furnierschichtholzplatte 51 mm
8 Aufdopplung Brettschichtholz 100–500 mm
   geschraubt auf Spannband Brettschichtholz
   blockverleimt 500 mm
9 Gelenklagerelement quer- und längsverschieblich
10 Quertraverse Stahlrohr Ø 323,9/20 mm
11 Streben Stahlrohr Ø 457/20 mm

12 Schlitzbleche mit Stabdübeln Ø 16 mm,
   3 Reihen à 8 Stück
13 Kopplung Spannband

Konstruktion: Spannbandbrücke
Material: Holz
Gesamtlänge: 225 m
Spannweiten: 52,50/55,00/52,50 m
Brückenbreite: 2,50–4,00 m
Brückenfläche: 715 m²
Überbauhöhe: 10–50 cm

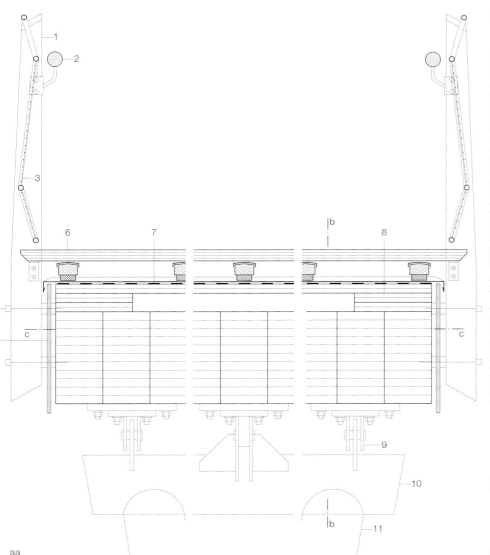

aa

bb

Brückenskulptur »Slinky springs to fame« in Oberhausen (D)

Tragwerksplaner:	schlaich bergermann und partner, Stuttgart
Mitarbeiter:	Mike Schlaich, Mathias Nier, Arndt Goldack, Sarah Peters, Christiane Sander, Ulrich Schütz, Rüdiger Weitzmann
Künstler:	Tobias Rehberger, Frankfurt a. M.
Baujahr:	2011

Die skulpturale Fußgängerbrücke über den Rhein-Herne-Kanal in Oberhausen schafft eine neue Verbindung zwischen dem Kaisergarten und der Emscher-Insel. Das Konzept wurde von den Planern in Zusammenarbeit mit dem Künstler Tobias Rehberger entwickelt und ist Teil des Projekts »EMSCHERKUNST.2010«.
Mit einer S-förmigen Rampe auf der einen und einer U-förmigen auf der anderen Seite schwingt sich das farbige Band, umhüllt von 496 Windungen aus Aluminiumhohlprofilen, auf die für die Schifffahrt freizuhaltende Durchfahrtshöhe von 10 m über den Kanal.

Die Leichtigkeit dieses Entwurfs entsteht durch das auf ein Minimum reduzierte Tragwerk der Spannbandbrücke. Zwei Bänder aus hochfestem Stahl sind über zwei zum Kanal hin geneigte Stützen geführt, die resultierende Zugkraft wird über äußere vertikale Zugstäbe in die Widerlager abgetragen. Als Lauffläche des 406 m langen Stegs dient ein in 16 unterschiedlichen Farbtönen gehaltener federnder Kunststoffbelag, der an aufgeschraubten Betonfertigteilen befestigt ist. Daran sind Brückengeländer und Spirale angebracht. Die Geländer aus Stahlpfosten und Seilnetzen tragen wirkungsvoll zur Schwingungsdämpfung dieser lebendigen Brücke bei. Das dynamische Erleben der Brücke wird verstärkt durch die mal auseinandergezogene, mal enger zusammengeschobene Spirale. So ähnelt die Brücke der bekannten Spielzeugspirale (Slinky – laufende Feder). Ihre volle Wirkung entfaltet die Schlange allerdings erst im Dunkeln. Verdeckt im Geländerhandlauf untergebrachte LEDs tauchen den farbigen Belag auf der gesamten Fläche in ein gleichmäßiges Licht. So erstrahlt die Brückenuntersicht in bunten Farben. Zusätzlich erhellen in die Spirale integrierte Leuchten die Unterseite des Bands.

Konstruktion: Spannbandbrücke
Material: Stahl
Gesamtlänge: 406 m
Rampenlänge: 130 bzw. 170 m
Spannweite: 20/66/20 m
                     (Spannbandbrücke)
Brückenbreite: 2,67 m
Brückenfläche: 1085 m²
Überbauhöhe: 12 cm (Spannbandbrücke)

Lageplan Maßstab 1:1500
Details Brückenüberbau und
Verbindung Spirale – Strebe   Maßstab 1:5
Vertikalschnitt Maßstab 1:20

1 Spirale Aluminiumrohr ⌑ 80/80/2 mm
2 Handlauf Edelstahlrohr Ø 60,3/4 mm
3 Geländer Edelstahlnetz Ø 2 mm, Maschenweite
   60/104 mm, auf Edelstahlrohr Ø 20/1,5 mm
4 Pfosten mit Kabelführung Stahlrohr Ø 60,3/8 mm
5 Stahlprofil L 40/25/3 mm
6 Fußplatte Flachstahl ⌑ 15 mm
7 Belag PU-gebundenes EPDM-Neugummi-
   Granulat auf Stahlbetonfertigteil 120 mm
8 Spannband Stahl 460/30 mm
9 Strebe Stahlrohr Ø 76,1/5 mm
10 Anschlussplatte Flachstahl ⌑ 20 mm
11 Konterplatte Flachstahl ⌑ 15 mm

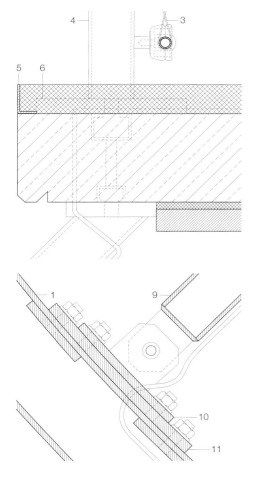

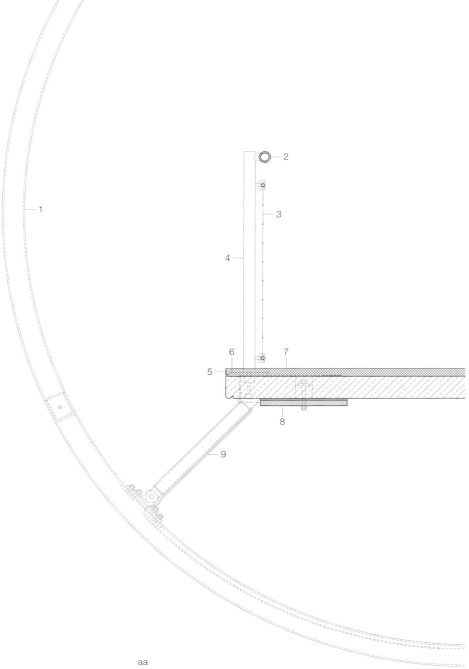

aa

Brücke am Triftgletscher (CH)

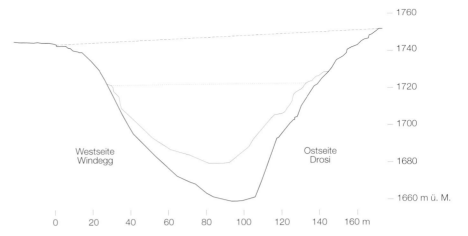

Tragwerksplaner: Ingenieurbüro Hans Pfaffen, Chur
Projektleiter: Walter Brog, x-alpin, Innertkirchen
Baujahr: 2009

Am Triftgletscher in der Nähe des Schweizer Sustenpasses – einer der am schnellsten schmelzenden Gletscher der Alpen – öffnete im September 2004 die erste Triftbrücke, die sich jedoch an einer für Besucher schwer zugänglichen Stelle befand. Angesichts stark steigender Besucherzahlen entschied man sich für den Bau einer neuen Brücke an einem sichereren Standort, 20 m nach Norden versetzt und 30 m höher gelegen. Hier gestaltet sich der Zustieg leichter und dank der weiter geöffneten Schlucht sind auch die Windgeschwindigkeiten geringer. Das Konstruktionsprinzip blieb erhalten, wurde jedoch, u. a. aufgrund der größeren Spannweite, in entscheidenden Punkten angepasst: Eine parabelförmige Unterspannung verstärkt nun die feingliedrige Konstruktion und verhindert ein Aufstellen bei extremen Windgeschwindigkeiten. Zwei U-förmige Stahlelemente an den Drittelpunkten der Spannweite stabilisieren zusätzlich zu den brüstungshohen Pylonen an den Endpunkten die Geländer und steifen auch die Tragseile aus.

Nach zwei Jahren Planung konnte die neue, ca. 170 m lange und knapp 100 m über dem Triftwasser spannende Brücke im Sommer 2009 in sechs Wochen Bauzeit errichtet werden. Dabei diente der alte Steg als Arbeitsplattform, etwa bei der Anlieferung der Tragseile mit dem Hubschrauber. Nachdem diese mittels Gewindestangen tief im Granit verankert und gespannt waren, ließ sich darauf eine kleine, verschiebbare Arbeitsgondel platzieren, die man nutzte, um schrittweise Querträger, Gehwegbohlen und Brüstungselemente einzubauen. Abschließend wurde die bogenförmige Unterspannung angebracht. Erst nach Ende der Arbeiten demontierte man die alte Brücke und brachte sie an ihren neuen Einsatzort. Sie verbindet nun als »Salbitbrücke« zwei Hütten im nahe gelegenen Göschener Tal.

Schnitt Triftschlucht
Maßstab 1:2000
······ Lage 1. Triftbrücke 2004
--- Lage 2. Triftbrücke 2009

Schnitt
Maßstab 1:50

Vertikalschnitt · Horizonalschnitt   Maßstab 1:10

1   Drahtseil tragend ⌀ 32 mm
2   Bügel Flachstahl gebogen
3   Stahlstab mit angeschweißten
    Muttern
4   Brüstung Drahtseil
5   Gehwegabschluss Kantholz
    Lärche sägerau 80/120 mm
6   Laufsteg Lärchenplanken säge-
    rau 200/45 mm, für konstruktiven
    Holzschutz auf Distanz montiert
7   Querträger paarweise:
    Stahlprofil L 50/50 mm
8   Auskreuzung Flachstahl
9   Sicherungsmutter geklebt
10 Spannschraube 22 mm
11 Abspannung Drahtseil ⌀ 16 mm
12 Bügelseilklemme
13 Abspannung Drahtseil ⌀ 32 mm
alle Stahlteile/-seile feuerverzinkt

Konstruktion: Spannbandbrücke mit
                   Aussteifung
Material: Stahl
Gesamtlänge: 168,24 m
Spannweite: 101,60 m
Brückenbreite: 88 cm
Brückenfläche: 148 m²
Überbauhöhe: 25 cm

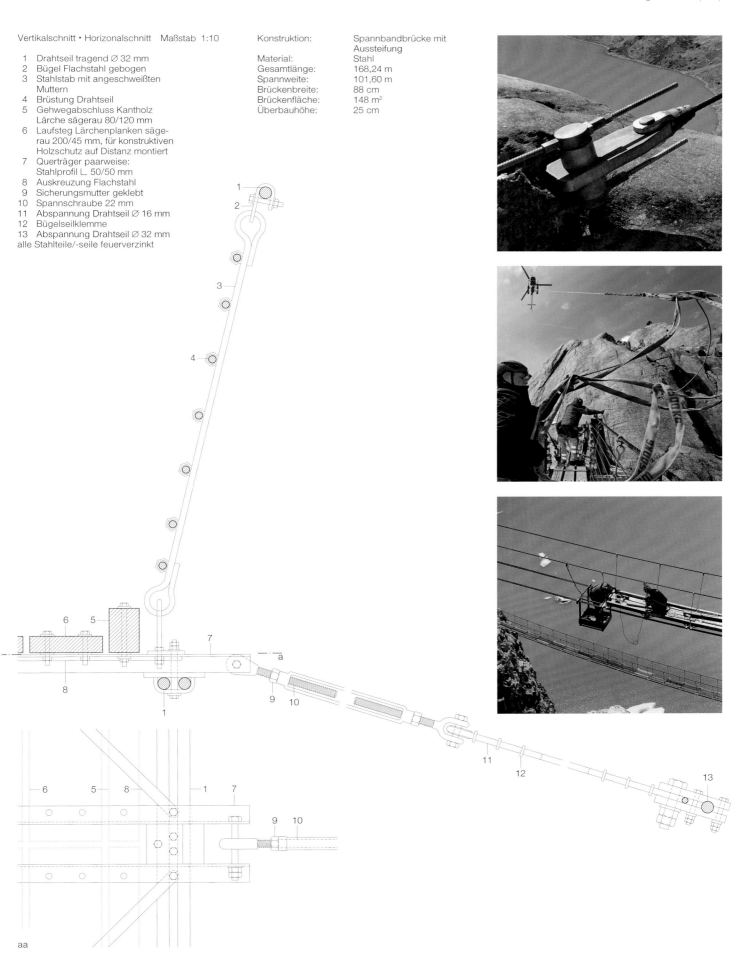

103

Rad- und Fußgängerbrücke in Knokke-Heist (B)

Tragwerksplaner:	Ney & Partners, Brüssel
Mitarbeiter:	Laurent Ney, Eric Bodarwé, Nicolas De Breuck
Baujahr:	2007

An der viel befahrenen Queen Elisabeth Avenue gelegen, verbindet die Fußgänger- und Radwegbrücke die Nordseebucht von Heist mit dem Naturreservat Sahul. In einem eleganten Schwung windet sich die 102 m lange Brücke über die vierspurige Straße mit Trambahnlinie und markiert den Stadteingang von Knokke-Heist.

Die Brücke überzeugt durch ihre leichte, schwebende Form, die sich wie selbstverständlich in die Umgebung einfügt. Beiderseits führen zwei Rampen, die bestehende Wegeverbindungen aufgreifen, zu der als Hängebrücke konzipierten

Konstruktion. In der Entwurfsphase wurden verschiedene Materialien und statische Systeme geprüft, um eine möglichst filigrane Gestaltung zu erreichen, ein Computerprogramm berechnete die optimale Lage und Größe der Öffnungen. Das Ergebnis ist eine skulpturale Form, die dem Kräfteverlauf folgt und von zwei Y-förmigen Stützen im Abstand von 46 m getragen wird. Der Überbau besteht aus miteinander verschweißten, 12 mm dicken Stahlplatten, die wie eine Hängematte von den Y-Stützen getragen werden. Diese halbrunde Stahlkonstruktion nimmt den Rad- und Fußweg aus

Stahlbeton mit einer rutschhemmenden PU-Beschichtung auf. Die abgehängte Konstruktion reagiert mit ihren Öffnungen auf verkehrstechnische Belange und gewährt den darunter querenden Autofahrern ungehinderte Blickbeziehungen. Für eine einfache Montage wurde ein Großteil der Konstruktion in der Fabrik vorgefertigt und vor Ort über Steckverbindungen zusammengesetzt. Ein mehrschichtiger Anstrich – innen weiß, außen graublau – schützt die Stahlkonstruktion gegen Korrosion durch die salzhaltige Nordseeluft. Pfosten und Handlauf des Geländers bestehen aus Edelstahlrohren.

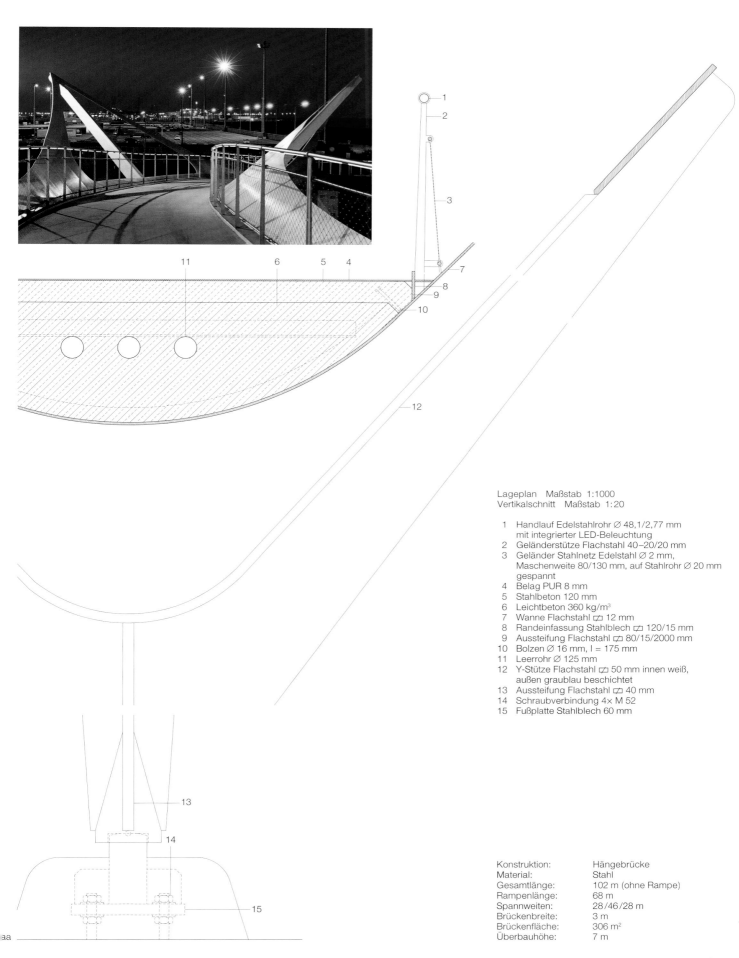

Lageplan   Maßstab 1:1000
Vertikalschnitt   Maßstab 1:20

1   Handlauf Edelstahlrohr Ø 48,1/2,77 mm
    mit integrierter LED-Beleuchtung
2   Geländerstütze Flachstahl 40–20/20 mm
3   Geländer Stahlnetz Edelstahl Ø 2 mm,
    Maschenweite 80/130 mm, auf Stahlrohr Ø 20 mm
    gespannt
4   Belag PUR 8 mm
5   Stahlbeton 120 mm
6   Leichtbeton 360 kg/m³
7   Wanne Flachstahl ⊡ 12 mm
8   Randeinfassung Stahlblech ⊡ 120/15 mm
9   Aussteifung Flachstahl ⊡ 80/15/2000 mm
10 Bolzen Ø 16 mm, l = 175 mm
11 Leerrohr Ø 125 mm
12 Y-Stütze Flachstahl ⊡ 50 mm innen weiß,
    außen graublau beschichtet
13 Aussteifung Flachstahl ⊡ 40 mm
14 Schraubverbindung 4× M 52
15 Fußplatte Stahlblech 60 mm

Konstruktion:	Hängebrücke
Material:	Stahl
Gesamtlänge:	102 m (ohne Rampe)
Rampenlänge:	68 m
Spannweiten:	28/46/28 m
Brückenbreite:	3 m
Brückenfläche:	306 m²
Überbauhöhe:	7 m

Media City Fußgängerbrücke in Salford (GB)

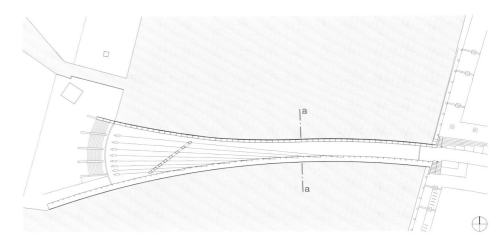

Architekten:	Wilkinson Eyre Architects, London
Mitarbeiter:	Chris Wilkinson, James Marks, Simon Roberts, Ezra Groskin, Connor Worth
Tragwerksplaner:	Ramboll UK, Southhampton
Mitarbeiter:	Peter Curran, Steve Thompson
Baujahr:	2011

Die Fußgängerbrücke über den Manchester Ship Canal in Salford verbindet die Media City mit dem Imperial War Museum. Die Media City, ein ehrgeiziges städtebauliches Konzept, entstand auf dem Areal der Salford Quays westlich von Manchester, wo sich bis zur Schließung der Dockanlagen 1982 noch Verladekräne und Containerschiffe befanden. Um die ungehinderte Durchfahrt von Schiffen mit hohen Aufbauten weiterhin zu ermöglichen, kam eine drehbar gelagerte Schrägseilbrücke zur Ausführung. Die Brücke mit einer Spannweite von 83 m besteht aus einem Hauptkragarm mit einer Länge von 65 m und einen 18 m langen Nebenarm. Dieser weitet sich in Richtung Imperial War Museum fächerförmig auf und schafft so einerseits einen vielfältig nutzbaren öffentlichen Raum, andererseits bildet er das Gegengewicht zum Hauptkragarm. Zum Öffnen der Brücke wird der bewegliche Teil im Grundriss um 90° gedreht und gibt dadurch eine Fahrrinne mit einer Durchfahrtsbreite von ca. 48 m und unbegrenzer Höhe frei. Die beiden Kragarme sind mittels acht zugbeanspruchter Kabel über gelenkig gelagerte, bis zu 30 m hohe Masten miteinander verbunden. Jedes Abspannkabel hat eine bestimmte Neigung zur Horizontalen und rotiert tangential zum gekrümmten Überbau, wodurch die dreidimensionale Verdrehung entsteht, die den Brückenraum fasst.

Der leicht geschwungene Überbau besteht aus einem geschlossenen massiven Stahlhohlkasten, an dem die Verankerungen der Zugseile befestigt sind, und einem filigranen Teil, der über Kragarme am Stahlhohlkasten befestigt ist. Diese Zweiteilung trägt zur Gewichtsreduzierung bei und bringt außerdem statische Vorteile mit sich. Beide Brückenwangen sind leicht gekantet, wodurch die Konstruktion sehr schlank und elegant wirkt.

Lageplan   Maßstab 1:1000
Axonometrie Brückenhauptarm
Vertikalschnitte   Maßstab 1:20

1   Handlauf Edelstahlrohr ⌀ 50 mm
2   Geländerstütze Flachstahl 2× ⌷ 10 mm
3   Brüstung VSG 13,5 mm oben transparent,
    unten transluzent
4   Rahmen Stahlprofil L 40/40 mm
5   Leuchte unter Acrylglasabdeckung
6   Edelstahlprofil L 48/72 mm
7   Belag Epoxidharz rutschhemmend
8   Hohlkastenträger 1250–2400 mm,
    vollverschweißt aus Flachstahl ⌷ 20 mm
9   Aussteifung Flachstahl ⌷ 44/2400 mm
10 Aluminiumelement 1440/2000/50 mm
11 Stahlprofil T 140/100/6 mm
12 LED-Leuchte mit Farbwechsel
13 Kragarm Flachstahl ⌷ 3650/15 mm
14 Flachstahl ⌷ 15 mm
15 Geländerstäbe Stahlprofil 1480/42/20 mm

Konstruktion: Schrägseilbrücke
Material: Stahl
Gesamtlänge: 83 m (ohne Rampe)
Spannweiten: 65 m / 18 m
Brückenbreite: 4 m
Überbauhöhe: 1,25–0,4 m

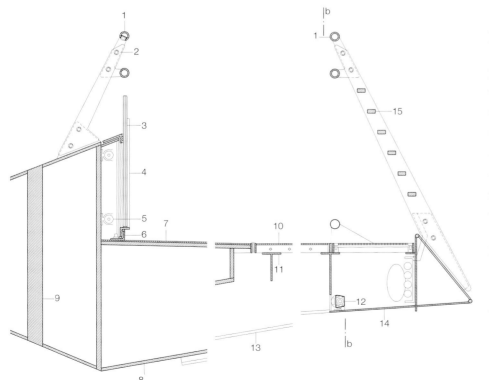

aa

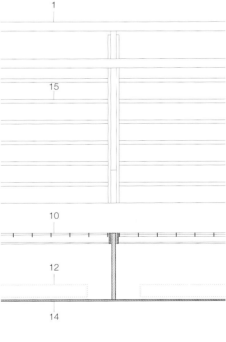

bb

Fuß- und Radwegbrücke Hafen Gimberg in Gelsenkirchen (D)

Tragwerksplaner: schlaich bergermann und
partner, Stuttgart
Mitarbeiter: Andreas Keil, Sebastian Linden,
Sandra Hagenmayer, Roman
Kemmler, Mathias Widmayer
Baujahr: 2009

Lageplan
Maßstab 1:1500

Ein Brückenneubau, der den Anschluss des Radwegs Erzbahntrasse an den Emscher Park Radweg über den Rhein-Herne-Kanal ermöglicht, war Zielsetzung des Wettbewerbs, den der Regionalverband Ruhr 2006 auslobte. Die Preisträger überzeugten durch eine innovative Hängebrückenkonstruktion, die den Kanal in einem weiten Schwung überquert.
Die kreisförmige Linienführung der Brücke reagiert auf das vorhandene Wegenetz und schafft so die Voraussetzung für die asymmetrische Hängekonstruktion, die elegant und prägnant den Endpunkt der Erzbahntrasse markiert. Die Brücke

funktioniert als einseitig aufgehängter Kreisringträger mit einer Spannweite von 141 m zwischen den Widerlagern. Durch den seitlich abgesetzten, abgespannten 45 m hohen Pylon scheint der Überbau, der als torsionssteifer Stahlhohlkasten ausgebildet ist, über der Landschaft zu schweben – ein für Betrachter wie Benutzer einzigartiges Erlebnis.
Das Seiltragwerk mit girlandenförmiger Tragseilführung und die im Abstand von 3 m angeordneten Hängerseile sind tangential im geschwungenen Überbau verankert. Bei rückverankerten Hängebrücken müssen die Tragseile durch den

Überbau in die Widerlager führen und dort verankert werden. Hier jedoch wird das Tragseil 24 m vor dem Widerlager unterstützungsfrei verankert. Der Stahlhohlkasten ist deshalb monolithisch an das Widerlager angeschlossen und zusätzlich für Torsions- und Biegebeanspruchung dimensioniert. Mit nur 80 cm Bauhöhe bildet er das Rückgrat des Brückendecks und trägt die 12 cm dicke Betonplatte, die als robuster Gehbelag dient und durch ihr Gewicht das dynamische Verhalten der Brücke begünstigt. Ein transparentes Seilnetzgeländer unterstreicht die Leichtigkeit und Filigranität des Stegs.

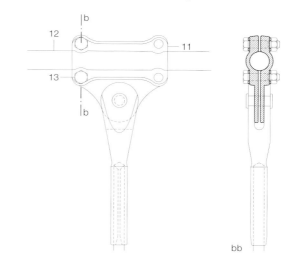

bb

Konstruktion:	gekrümmte Hängebrücke
Material:	Stahl
Gesamtlänge:	156 m (ohne Rampe)
Rampenlänge:	37 m (Nord)
Spannweite:	141 m
Brückenbreite:	3 m
Brückenfläche:	579 m²
Überbauhöhe:	80 cm
Höhe Mast:	40 m (+ 5 m Mastspitze)

Detailschnitt Hängerklemme   Maßstab 1:10
Vertikalschnitt   Maßstab 1:20

1   Randseil Edelstahl ⌀ 16 mm
2   Geländer Edelstahlnetz ⌀ 2 mm, Maschenweite 60 mm
3   Geländerpfosten Flachstahl ⌀ 30 mm
4   Seitblech als Blende Flachstahl ⌀ 10 mm
5   Hängerseil ⌀ 24 mm
6   Gabelfitting mit Augblechen an Rippen angeschlossen
7   Edelstahlblech ⌀ 10 mm geschraubt an Stahlkonsole ⌀ 15 mm, an Hohlkasten geschweißt
8   Rippe Stahlblech 15 mm
9   Hohlkasten Stahlblech ⌀ 15–40 mm
10 Dünnschichtbelag 5 mm
    Betonlaufplatte 120 mm
11 Seilklemme gefräst
12 Girlandenseil ⌀ 50 mm
13 Schrauben M 24

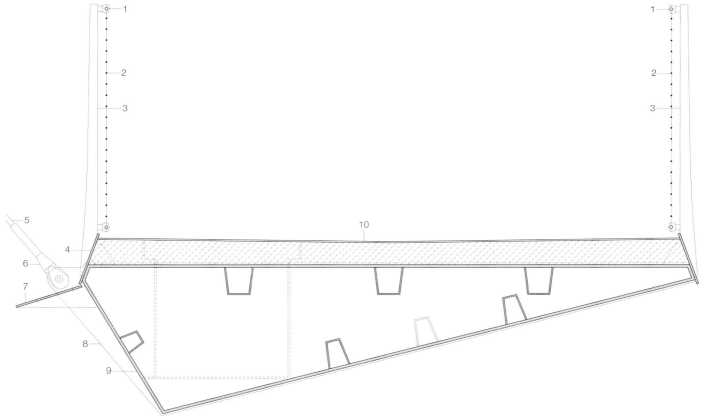

aa

Literatur:
Fachbücher und Fachaufsätze

Baus, Ursula; Schlaich, Mike: Fußgängerbrücken. Konstruktion, Gestalt, Geschichte. Basel/Boston/Berlin 2007

Bühler, Dirk: Brückenbau im 20. Jahrhundert. Gestaltung und Konstruktion. München 2004

Dietrich, Richard J.: Faszination Brücken. Baukunst, Technik, Geschichte. München 2001

Fördergemeinschaft Gutes Licht (Hrsg.): licht.wissen 03: Straßen, Wege und Plätze. Frankfurt am Main 2000

Heinemeyer, Christoph u.a.: Design of Lightweight Footbridges for Human Induced Vibrations. JRC Scientific and Technical Reports. 2009

Idelberger, Klaus: Fußwegbrücken und Radwegbrücken. Berlin 2011

International Federation for Structural Concrete (Hrsg.): Guidelines for the Design of Footbridges. Lausanne 2005

Mostafavi, Mohsen (Hrsg.): Structure as Space. Engineering and Architecture in the Works of Jürg Conzett and his Partners. London 2006

Ney, Laurent; Adriaenssens, Sigrid: Shaping Forces. Brüssel 2010

Pearce, Martin; Jobson, Richard: Bridge Builders. Chichester 2002.

Petersen, Christian: Schwingungsdämpfer im Ingenieurbau. München 2001

RWTH Aachen u.a.: Advanced Load Models for Synchronous Pedestrian Excitation and Optimised Design Guidelines for Steel Foot Bridges (SYNPEX). 2008

RWTH Aachen u.a.: Human Induced Vibrations of Steel Structures. Leitfaden für die Bemessung von Fußgängerbrücken (HIVOSS). 2008

Service d'Études Techniques des Routes et Autoroutes – SETRA (Hrsg.): Footbridges – Assessment of Vibrational Behaviour of Footbridges under Pedestrian Loading. Paris 2006

Strasky, Jiri: Stress Ribbon and Cable-supported Pedestrian Bridges. London 2011

Normen, Richtlinien, Verordnungen (Auswahl)

DIN 1076 Ingenieurbauwerke im Zuge von Straßen und Wegen – Überwachung und Prüfung. 1999-11

DIN 18024-1 Barrierefreies Bauen. Teil 1: Straßen, Wege, öffentliche Verkehrs- und Grünanlagen sowie Spielplätze. 1998-01

DIN 18065 Gebäudetreppen. Begriffe, Messregeln, Hauptmaße. 2011-06

DIN 68800-1 Holzschutz. Teil 1: Allgemeines. 2011-10

DIN 68800-2 Holzschutz. Teil 2: Vorbeugende bauliche Maßnahmen im Hochbau. 2012-02

DIN 68800-3 Holzschutz. Teil 3: Vorbeugender Schutz von Holz mit Holzschutzmitteln. 2012-02

DIN EN 350-1 Dauerhaftigkeit von Holz und Holzprodukten. Natürliche Dauerhaftigkeit von Vollholz. Teil 1: Grundsätze für die Prüfung und Klassifikation der natürlichen Dauerhaftigkeit von Holz. 1994-10

DIN EN 350-2 Dauerhaftigkeit von Holz und Holzprodukten. Natürliche Dauerhaftigkeit von Vollholz. Teil 2: Leitfaden für die natürliche Dauerhaftigkeit und Tränkbarkeit von ausgewählten Holzarten von besonderer Bedeutung in Europa. 1994-10

DIN EN 1090-1 Ausführung von Stahltragwerken und Aluminiumtragwerken. Teil 1: Konformitätsnachweisverfahren für tragende Bauteile. 2012-02

DIN EN 1090-2 Ausführung von Stahltragwerken und Aluminiumtragwerken. Teil 2: Technische Regeln für die Ausführung von Stahltragwerken. 2011-10

DIN EN 1090-3 Ausführung von Stahltragwerken und Aluminiumtragwerken. Teil 3: Technische Regeln für die Ausführung von Aluminiumtragwerken. 2008-09

DIN EN 1337-1 Lager im Bauwesen. Teil 1: Allgemeine Regelungen. 2001-02

DIN EN 1337-2 Lager im Bauwesen. Teil 2: Gleitteile. 2004-07

DIN EN 1337-3 Lager im Bauwesen. Teil 3: Elastomerlager. 2005-07

DIN EN 1337-4 Lager im Bauwesen. Teil 4: Rollenlager. 2007-05

DIN EN 1337-5 Lager im Bauwesen. Teil 5: Topflager. 2005-07

DIN EN 1337-6 Lager im Bauwesen. Teil 6: Kipplager. 2004-08

DIN EN 1337-7 Lager im Bauwesen. Teil 7: Kalotten- und Zylinderlager mit PTFE. 2004-08

DIN EN 1337-8 Lager im Bauwesen. Teil 8: Führungslager und Festhaltekonstruktionen. 2008-01

DIN EN 1337-9 Lager im Bauwesen. Teil 9: Schutz. 1998-04

DIN EN 1337-10 Lager im Bauwesen. Teil 10: Inspektion und Instandhaltung. 2003-11

DIN EN 1337-11 Lager im Bauwesen. Teil 11: Transport, Zwischenlagerung und Einbau. 1998-04

DIN EN 1990 Grundlagen der Tragwerksplanung. 2012-08

DIN EN 1991-1-1 Eurocode 1: Einwirkungen auf Tragwerke. Teil 1-1: Allgemeine Einwirkungen auf Tragwerke. Wichten, Eigengewicht und Nutzlasten im Hochbau. 2010-12

DIN EN 1991-2 Eurocode 1: Einwirkungen auf Tragwerke. Teil 2: Verkehrslasten auf Brücken. 2012-08

DIN EN 1992-1-1 Eurocode 2: Bemessung und Konstruktion von Stahlbeton- und Spannbetontragwerken. Teil 1-1: Allgemeine Bemessungsregeln und Regeln für den Hochbau. 2012-05

DIN EN 1992-2 Eurocode 2: Bemessung und Konstruktion von Stahlbeton- und Spannbetontragwerken. Teil 2: Betonbrücken - Bemessungs- und Konstruktionsregeln. 2012-04

DIN EN 1993-1-1 Eurocode 3: Bemessung und Konstruktion von Stahlbauten. Teil 1-1: Allgemeine Bemessungsregeln und Regeln für den Hochbau. 2010-12

DIN EN 1993-2 Eurocode 3: Bemessung und Konstruktion von Stahlbauten. Teil 2: Stahlbrücken. 2012-08

DIN EN 1994-1-1 Eurocode 4: Bemessung und Konstruktion von Verbundtragwerken aus Stahl und Beton. Teil 1-1: Allgemeine Bemessungsregeln und Anwendungsregeln für den Hochbau. 2010-12

DIN EN 1994-2 Eurocode 4: Bemessung und Konstruktion von Verbundtragwerken aus Stahl und Beton. Teil 2: Allgemeine Bemessungsregeln und Anwendungsregeln für Brücken. 2010-12

DIN EN 1995-1-1 Eurocode 5: Bemessung und Konstruktion von Holzbauten. Teil 1-1: Allgemeines – Allgemeine Regeln und Regeln für den Hochbau. 2012-02

DIN EN 1995-2 Eurocode 5: Bemessung und Konstruktion von Holzbauten. Teil 2: Brücken. 2011-08

DIN EN 13201-1 Straßenbeleuchtung. Teil 1: Auswahl der Beleuchtungsklassen. 2005-11

DIN EN 13201-2 Straßenbeleuchtung. Teil 2: Gütemerkmale. 2004-04

DIN EN 13201-3 Straßenbeleuchtung. Teil 3: Berechnung der Gütemerkmale. 2004-04

DIN EN 50122-1 Bahnanwendungen, ortsfeste Anlagen, elektrische Sicherheit, Erdung und Rückleitung. Teil 1: Schutzmaßnahmen gegen elektrischen Schlag. 2011-09

DIN EN ISO 12944 Beschichtungsstoffe. Korrosionsschutz von Stahlbauten durch Beschichtungssysteme. 1998–2008

DIN-Fachbericht 101 Einwirkungen auf Brücken. 2009-03

DIN-Fachbericht 102 Betonbrücken. 2009-03

DIN-Fachbericht 103 Stahlbrücken. 2009-03

DIN-Fachbericht 104 Verbundbrücken. 2009-03

Bundesanstalt für Straßenwesen (Hrsg.): Richtzeichnungen für Ingenieurbauten (RiZ-ING). 2012-03

Bundesanstalt für Straßenwesen (Hrsg.): Technische Lieferbedingungen und Technische Prüfvorschriften für Ingenieurbauten (TL/TP-ING). 2010-04

Bundesanstalt für Straßenwesen (Hrsg.): Zusätzliche Technische Vertragsbedingungen und Richtlinien für Ingenieurbauten (ZTV-ING). Teil 3: Massivbau. 2010-04

Bundesanstalt für Straßenwesen (Hrsg.): Zusätzliche Technische Vertragsbedingungen und Richtlinien für Ingenieurbauten (ZTV-ING). Teil 4: Stahlbau, Stahlverbundbau. 2003-01

Bundesanstalt für Straßenwesen (Hrsg.): Zusätzliche Technische Vertragsbedingungen und Richtlinien für Ingenieurbauten (ZTV-ING). Teil 7: Brückenbeläge. 2003-01

Bundesanstalt für Straßenwesen (Hrsg.): Zusätzliche Technische Vertragsbedingungen und Richtlinien für Ingenieurbauten (ZTV-ING). Teil 8: Bauwerksausstattung. 2010-04

Bundesminister für Verkehr (Hrsg.): Richtlinien für den Korrosionsschutz von Seilen und Kabeln im Brückenbau (RKS-Seile). Dortmund 1984

Deutsche Bahn AG (Hrsg.): Richtlinie (Ril) 997.0101 Oberleitungsanlagen. Allgemeine Grundsätze. 2001-01

Deutsche Bahn AG (Hrsg.): Richtzeichnungen. 3 Ebs 02.05.19, Berührschutzmaßnahmen.

Deutsches Institut für Bautechnik (Hrsg.): Technische Regeln für die Verwendung von absturzsichernden Verglasungen (TRAV). 2003

Deutsches Institut für Bautechnik (Hrsg.): Technische Regeln für die Verwendung von linienförmig gelagerten Verglasungen (TRLV). 2006

Forschungsgesellschaft für Straßen- und Verkehrswesen (Hrsg.): Empfehlungen für Fußgängerverkehrsanlagen (EFA). Köln 2002

Forschungsgesellschaft für Straßen- und Verkehrswesen (Hrsg.): Empfehlungen für Radverkehrsanlagen (ERA). Köln 2010

Forschungsgesellschaft für Straßen- und Verkehrswesen (Hrsg.): Merkblatt über den Rutschwiderstand von Pflaster und Plattenbelägen für den Fußgängerverkehr. Köln 1997

Hauptverband der gewerblichen Berufsgenossenschaften (Hrsg.): BGR 181 Fußböden in Arbeitsräumen und Arbeitsbereichen mit Rutschgefahr. 2003-10

Bildnachweis

Allen, die durch Überlassung ihrer Bildvorlagen, durch Erteilung von Reproduktionserlaubnis und durch Auskünfte am Zustandekommen des Buches mitgeholfen haben, sagen die Autoren und der Verlag aufrichtigen Dank. Sämtliche Zeichnungen in diesem Werk sind eigens angefertigt. Nicht nachgewiesene Fotos stammen aus dem Archiv der Architekten und Ingenieure oder aus dem Archiv der Zeitschrift Detail. Trotz intensivem Bemühen konnten wir einige Urheber der Fotos und Abbildungen nicht ermitteln, die Urheberrechte sind aber gewahrt. Wir bitten um dementsprechende Nachricht.

Seite 7, 40   FG + SG Fotografia de Architectura, P–Lissabon
Seite 9   nach: International Federation for Structural Concrete (Hrsg.): Guidelines for the Design of Footbridges. Lausanne 2005, S. 11
Seite 10 oben, oben Mitte, oben rechts   Elsa Caetano, Porto
Seite 10 Mitte   nach: Bundesministerium für Verkehr, Bau und Stadtentwicklung – BMVBS (Hrsg.): Forschung Straßenbau und Straßenverkehrstechnik. 22/1963, S. 3
Seite 11 oben   nach: RWTH Aachen u. a.: Advanced Load Models for Synchronous Pedestrian Excitation and Optimised Design Guidelines for Steel Foot Bridges (SYNPEX). 2008
Seite 12 links   Lukas Roth, D–Köln
Seite 12 rechts Stahlbau Urfer, D–Remseck (Aldingen)
Seite 13   Hertha Hurnaus, A–Wien
Seite 14 ganz oben, 31 unten links, 34, 49 unten rechts, 51, 52 unten, 59 oben, 63, 67 oben links, oben Mitte, 73 oben links, oben rechts, 75 oben Mitte, 88 unten rechts   schlaich bergermann und partner, D–Stuttgart
Seite 14 oben   Christian Richters, D–Münster
Seite 14 unten   Jens Markus Lindhe, DK–Kopenhagen
Seite 14 ganz unten, 92, 93 unten links, unten Mitte, unten rechts   Christian Vogel, D–München
Seite 15 oben, unten   nach: Bundesanstalt für Straßenwesen (Hrsg.): Zusätzliche Technische Vertragsbedingungen und Richtlinien für Ingenieurbauten (ZTV-ING). Teil 8: Bauwerksausstattung, Abschnitt 4: Absturzsicherungen. 2010, S. 3
Seite 16   Christian Schittich, D–München
Seite 17   nach: International Federation for Structural Concrete (Hrsg.): Guidelines for the Design of Footbridges. Lausanne 2005, S. 24
Seite 18 oben   nach: International Federation for Structural Concrete (Hrsg.): Guidelines for the Design of Footbridges. Lausanne 2005, S. 15
Seite 18 unten   Wacker Ingenieure, D–Birkenfeld
Seite 19   nach: DIN Fachbericht 101 Einwirkungen auf Brücken. 2009, S. 122
Seite 20 links   nach: DIN Fachbericht 101 Einwirkungen auf Brücken. 2009, S. 132
Seite 20 rechts, 25   Gerb Schwingungsisolierungen GmbH & Co. KG, D–Berlin
Seite 23 oben   nach: International Federation for Structural Concrete (Hrsg.): Guidelines for the Design of Footbridges. Lausanne 2005, S. 31f.
Seite 24 oben   nach: RWTH Aachen u. a.: Advanced Load Models for Synchronous Pedestrian Excitation and Optimised Design Guidelines for Steel Foot Bridges (SYNPEX). 2008, S. 29
Seite 24 links ganz oben, 48, 49 oben links, oben rechts, 75 ganz oben   Gert Elsner, D–Stuttgart
Seite 24 links oben   nach: RWTH Aachen u. a.: Advanced Load Models for Synchronous Pedestrian Excitation and Optimised Design Guidelines for Steel Foot Bridges (SYNPEX). 2008, S. 13
Seite 24 links unten   seggel/www.pfenz.de/wiki/Wachtelsteg
Seite 24 links ganz unten   nach: RWTH Aachen u. a.: Advanced Load Models for Synchronous Pedestrian Excitation and Optimised Design Guidelines for Steel Foot Bridges (SYNPEX). 2008, S. 14

Seite 26, 54, 55 unten   Alan Karchmer/Esto, New York
Seite 27 oben   Erhard Kargel, A–Linz
Seite 27 Mitte   nach: Frank Dehn, Gert König, Gero Marzahn: Konstruktionswerkstoffe im Bauwesen. Berlin 2003, S. 14
Seite 27 unten, 28 oben links   nach: DIN EN 350-2. 1994
Seite 28 links oben   Schaffitzel Holzindustrie GmbH + Co. KG, D–Schwäbisch Hall
Seite 28 links Mitte   Sweco Norge AS
Seite 28 links unten, 50 oben links, 59 unten, 71 unten rechts, 85   HG Esch Photography, D–Hennef
Seite 29 links   maarjaara/www.wikipedia.fr
Seite 29 rechts Dietmar Strauß, D–Besigheim
Seite 30, 66 Mitte, 69 oben, 84 oben, 104, 105   Jean-Luc Deru, B–Liège
Seite 31 oben links   www.ki-smile.de/kismile/view221,1,1535.html
Seite 31 oben rechts   Achim Bleicher: Aktive Schwingungskontrolle einer Spannbandbrücke mit pneumatischen Aktuatoren. Diss., TU Berlin 2011
Seite 31 unten rechts   Carles Teixidor/Bellapart S.A.U., E–Olot
Seite 32, 49 unten links, 50 oben rechts, 58 oben, 61 unten, 108, 109   Michael Zimmermann, D–Stuttgart
Seite 35   Franziska Andre/www.swissmountainview.ch
Seite 36 links   RFR, Paris
Seite 36 rechts   http://de.wikipedia.org/w/index.php?title=Datei:Dreilaenderbruecke003.jpg&filetimestamp=20081026160541
Seite 38 oben   Graeme Smith/www.flickr.de
Seite 39, 69 unten   Aljosa Brajdic, HR–Rijeka
Seite 43   David Humphry/www.flickr.de
Seite 45 Mitte   Jeannette Tschudy, CH–Chur
Seite 45 unten, 70   Ros Kavanag/VIEWpictures.co.uk
Seite 46 oben   Ian Harding, CDN–Calgary
Seite 46 unten links   Chris Gascoigne, GB–London
Seite 46 unten rechts   Paul McMullin, GB–Aughton
Seite 47   Manfred Gerner, D–Fulda
Seite 50 unten   nach: www.pfeifer.de
Seite 52 oben   nach: Mike Schlaich, Ursula Baus: Fußgängerbrücken. Basel/Boston/Berlin 2007, S. 119
Seite 52 Mitte, 56 unten, 62 oben, 73 unten, 76   Wilfried Dechau, D–Stuttgart
Seite 53   N. Koshofer/Archiv Kiedrowski, D–Ratingen
Seite 55 oben   Gabriele Basilico, I–Mailand
Seite 56 oben   David Newbegin/www.flickr.de
Seite 57, 102, 103 oben   Thomas Madlener, D–München
Seite 58 unten, 98, 99 links, rechts   Richard J. Dietrich, D–Traunstein
Seite 60   Shigeyama/www.flickr.de
Seite 62 unten links   Thomas Riehle, D–Bergisch-Gladbach
Seite 62 unten rechts   Jürgen Schmidt, D–Köln
Seite 64   Roland Halbe, D–Stuttgart
Seite 67 oben rechts, 100, 101   Roman Mensing, D–Münster
Seite 67 unten   Palladium Photodesign/Barbara Burg + Oliver Schuh, D–Köln
Seite 68, 96   Richard Davies, GB–London
Seite 71 oben rechts   nach: www.maurer-soehne.de/bauwerkschutzsysteme/dehnfugen
Seite 72 oben links, oben rechts, Mitte   mageba sa, CH–Bülach
Seite 74, 75 unten   3LHD, HR–Zagreb
Seite 75 unten Mitte   Rene Pelzer, D–Simmerath
Seite 80 oben nach unten:
    schlaich bergermann und partner, D–Stuttgart
    HG Esch Photography, D–Hennef
    David Boureau, F–Paris
    Michael Zimmermann, D–Stuttgart
    Lukas Roth, D–Köln
    Ros Kavanag/VIEWpictures.co.uk
    Roman Mensing, D–Münster
    HG Esch Photography, D–Hennef
    schlaich bergermann und partner, D–Stuttgart
    Adrian Pingston/www.wikipedia.de
    Ingrid Fiebak, D–Leer

Seite 81 von oben nach unten:
    HG Esch Photography, D–Hennef
    Tomas Riehle/www.tomas-riehle.de
    schlaich bergermann und partner/Michael Zimmermann, D–Stuttgart
    Wilfried Dechau, D–Stuttgart
    Rob 't Hart, NL–Rotterdam
    Michael Zimmermann, D–Stuttgart
    schlaich bergermann und partner, D–Stuttgart
    http://de.wikipedia.org/w/index.php?title=Datei:Dreilaenderbruecke003.jpg&filetimestamp=20081026160541
    schlaich bergermann und partner, D–Stuttgart
    Wilkinson Eyre Architects, GB–London
    schlaich bergermann und partner, D–Stuttgart
Seite 83   Wilkinson Eyre Architects, GB–London
Seite 84 unten   nach: Mike Schlaich, Ursula Baus: Fußgängerbrücken. Basel/Boston/Berlin 2007, S. 194f.
Seite 86 oben links   WTM Engineers GmbH, D–Hamburg
Seite 86 oben rechts   Griff Arkitektur, N–Fredrikstad
Seite 86 unten   Klaus Frahm, D–Köln
Seite 87 oben   SKM Anthony Hunt Associates, GB–London
Seite 87 rechts oben, rechts Mitte, rechts unten   Steve Speller/www.spellermilnerdesign.co.uk
Seite 88 oben links   Kurt Pock/www.pock.cc
Seite 88 oben Mitte   Ignacio Martínez, E–Navia Asturias
Seite 88 oben rechts   Thomas Jantscher, CH–Colombier
Seite 88 unten links   SOLID architecture ZT GmbH, A–Wien
Seite 89 oben links   Irene Wallmann, A–Wien
Seite 89 unten   Nils Viko, CDN–Winnipeg
Seite 90   Bild KWO, Foto Robert Bösch
Seite 97 oben, unten   RBG Kew
Seite 97 Mitte   Richard Glover/VIEWpictures.co.uk/arturimages
Seite 103 Mitte, unten   Robert Bösch, CH–Oberägeri
Seite 106, 107 links   Daniel Hopkinson, GB–Manchester

Rubrikeinführende Fotos

Seite 8:
Fußgängersteg, Stuttgart (D), Kaag + Schwarz, Stuttgart

Seite 16:
Millennium Bridge, London (GB) 2000, Foster + Partners, London; Sir Anthony Caro, London; Ove Arup & Partners, London

Seite 26:
Brücke über den Hoofdvaart-Kanal, Nieuw Vennep (NL) 2004, Santiago Calatrava, Zürich; Combinatie Dekker, Vobi van der Horst, Warmenhuizen

Seite 32:
Passerelle La Défense, Paris (F) 2007, Dietmar Feichtinger Architectes, Paris; schlaich bergermann und partner, Stuttgart

Seite 64:
Arganzuela-Fußgängerbrücke, Madrid (E) 2011, Dominique Perrault Architecture, Paris; MC2/Julio Martínez Calzón, Madrid; TYPSA, Madrid

Seite 76:
Aaresteg, Rupperswil (CH) 2010, Conzett Bronzini Gartmann, Chur

Seite 82:
Fußgängerbrücke West India Dock, London (GB) 1996, Future Systems, London; Anthony Hunt Associates, Cirencester

Seite 90:
Brücke am Triftgletscher (CH) 2009, Ingenieurbüro Hans Pfaffen, Chur

Sachregister